教育使命：

▲ 匠合一周年暨育良导师从事教育事业十五周年 · 跨越

▲ 人人都是CEO · 特邀森田直行先生 · 经营

▲ 传承领导力 · 课程现场 · 求真

▲ 匠合慈善行 · 爱心图书角 · 分享

▲ 匠合两周年 · 特邀樊登老师 · 明理

▲ 匠心商学院 · 方太游学 · 传承

▲ 匠合首届企业家合伙节 · 特邀余世维老师 · 企业家精神

激荡飞扬：

▲ 与樊登读书会发起人樊登交流 · 创业盛典

▲ 和拯救日航的森田先生交流 · 人人都是CEO

▲ 盛邀余世维博士 · 主题交流

▲ 华东区首届匠商会同学 · 班委合影

▲ 中欧EMBA同学相识五周年

▲ 2020年11月03日 成都匠合公司乔迁

▲ 成都匠合成立两周年庆典 · 特邀杨克明博士 · OEC日清日高

游学大美：

▲ 匠心商学院 · 海尔集团游学 · 创新

▲ 匠心商学院 · 方太集团游学 · 体悟

▲ 匠心商学院 · 青岛啤酒游学 · 欢畅

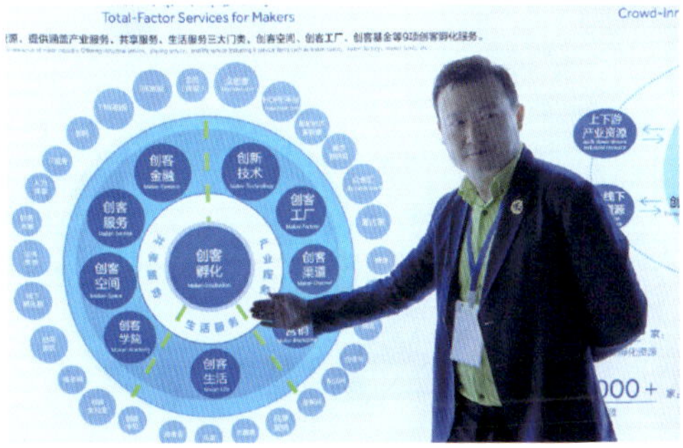

▲ 匠心商学院 · 海尔集体游学 · 海尔创客模式

▲ 匠心商学院 · 王阳明故居游学 · 正念

▲ 匠心商学院 · 游学健康晨跑 · 喜悦

漫步丰盛：

▲ 匠心商学院 · 阿里巴巴游学 · 问道

▲ 匠心商学院 · 国际游学 · 远行

▲ 匠心商学院 · 京瓷游学 · 利他

▲ 匠心商学院 · 戈壁游学 · 突破

▲ 匠心商学院 · 以色列游学 · 启迪

▲ 匠心商学院 · 星巴克总部游学 · 欢畅

▲ 匠心商学院 · 圣地亚哥游学 · 优雅

缤纷绽放：

▲ 活力：匠商同学参加马拉松

▲ 爱心图书角 · 爱的传递

▲ 刘育良老师带领学员们晨跑

▲ 雁荡山 · 肩负

▲ 爱心图书角 · 感谢

▲ 爱心图书角 · 守护童真

缘起青春：

▲ 那时年少

▲ 与父母难得的童年合影

▲ 四合乡的纯真

▲ 瘦西湖与父亲大人

▲ 青年时光 · 意气风发

▲ 大学演讲比赛（人生第一次上台）

▲ 1991年初中毕业照（第五排 左一）刘育良老师

▲ 校园广播站集体合影

▲ 25岁登上黄山

和谐温馨：

▲ 20年后 · 南京故地重游

▲ 上海 · 全家福

▲ 兄妹嬉戏玩耍

▲ 我的女儿 小核桃

▲ 小时候照片的对比 · 浮想万千

▲ 南京老家合影 · 严父慈母

信任共生：

▲ 江苏维尼食品有限公司总经理 邬敏莉

▲ 浙江轩日科技股份有限公司董事长 周建中

▲ 七日蜜约（上海）食品科技有限公司总经理 林妤蓁

▲ 上海北墨研创服饰有限公司总经理 樊勇东

▲ 欣鑫科技有限公司总经理 黄忠清

▲ 合肥德勤商贸有限公司总经理 万玉华

▲ 上海亚日卫生用品有限公司总经理 金敬芳

▲ 上海玉兆精密机械有限公司总经理 王晓荣

▲ 平湖市一洲酒业有限公司总经理 王彦洲

▲ 金华市百老汇餐饮管理有限公司总经理 张丽萍

▲ 浙江济佰川药业有限公司总经理 蒋伟丽

▲ 匠言咨询分公司总经理 滕俊（左一）廖梓如（右一）

改变，

你真的可以，

你真心值得！

改变的七大力量

刘育良◎著

民主与建设出版社
·北京·

图书在版编目（CIP）数据

改变的七大力量 / 刘育良著. — 北京 : 民主与建设出版社, 2021.5
ISBN 978-7-5139-3488-6

Ⅰ. ①改… Ⅱ. ①刘… Ⅲ. ①人生哲学－通俗读物
Ⅳ. ①B821-49

中国版本图书馆 CIP 数据核字（2021）第 076738 号

改变的七大力量
GAIBIAN DE QIDA LILIANG

著　　者　刘育良
责任编辑　王　颂
封面设计　王玉美
出版发行　民主与建设出版社有限责任公司
电　　话　（010）59417747　59419778
社　　址　北京市海淀区西三环中路 10 号望海楼 E 座 7 层
邮　　编　100142
印　　刷　三河市九洲财鑫印刷有限公司
版　　次　2021 年 8 月第 1 版
印　　次　2021 年 8 月第 1 次印刷
开　　本　710 毫米 × 1000 毫米　1/16
印　　张　14
字　　数　191 千字
书　　号　ISBN 978-7-5139-3488-6
定　　价　59.80 元

注：如有印、装质量问题，请与出版社联系。

PREFACE

前言

心的改变

我的老家在一个小县城，因此我的童年是在乡下度过的。我在上中专时，学的是食品加工专业，有一次，我们正在学如何烧鱿鱼，结果鱿鱼刚烧好，大家立刻把鱿鱼一抢而光，让反应迟钝的我木然当场。我想我的人生本应做一名厨师，烹饪得风生水起，偶尔也为自己下个厨，喝两杯小酒。谁也想不到，我走出了一条让所有同学都想不到的道路。

其实，少年时的我性格非常腼腆和内向，和女生说话都会脸红。然而就是这样的我，做梦都没有想到我将会以演讲和咨询为生，会成为一名春风化雨的讲师。

由于各种原因，我无缘参加高考。但是多年后，我却在贝聿铭先生设计的一所美轮美奂的学院，正式毕业，成为了一名工商管理硕士。

20岁，我从老家来到省城；35岁，我举家搬迁，从南京来到上海，向往改变；40岁，我创业了，为了追求梦想；我出版过7本书，持续改变，我一直强烈地好奇，生命怎样才能改变？我们的生命中需要孕育着什么样的力量？才能够华丽转身。

最近，我仔细地整理了我五年来每一天的日记，我惊讶地发现，这其中隐藏着七个关键词，我仔细审视，反复推敲，原来，这正是改变的七大力量。

准确地说，这本书不是发明，而是“发现”。

我们是谁，决定于未来我们是否不断地做出改变和持续地绽放，决定了我们最终是谁。生命的大美在于可以持续地改变。

“改变”，来自于生命中最重要的七种力量。

第一种力量，是你的心力。你的心声，你自我的对话，来自于你不甘于现状，你完全可以做得更好。一切的奋斗来自于你的内心、来自于内在世界的觉察、来自于你的反省和自我认知。

第二种力量，是原力。当一个人开始觉察的时候。他会蓦然回首，一种从内在而生发的力量。这种力量会落于何处呢？会激活第二种力量，原力，即爱的力量，这种力量来自于家庭的爱、来自于众生的爱、来自于对自己的爱、来自于对世界的爱。有了爱，就有了动力；有了爱，就有了原点；有了爱，就无法阻挡。

第三种力量，是定力，是你决定的力量。这种力量不是在沙滩上画画，而是在钢筋混凝土上勾勒出你的蓝图。当你真正做出决定的时候，你的内在世界将被真正唤醒。觉察是一种发现，爱是一种动力，决定是誓言和承诺，这是前三种力量。而第三种力量将决定你的人生，同时决定你将去向何处，决定了你内心中永恒的发动机。

第四种力量，是愿力，即目标和梦想的力量。目标是方向的力量，是憧憬和渴望的力量，是专注和焦点的力量，是心想事成的力量。你的自我心像，决定了你未来的人生。

第五种力量，是智力。当你有了目标之后，你开始要用你的第五种力量，即你的智力，思考力，进行深度思考，运筹帷幄。人只有开始思考，才可以称之为一个真正的高等生命。

你的思想必须具有穿透力，包括独特的方法论、你的思维模型、你的智慧和见地，这些将会带你去向成功的彼岸。

第六种力量，是动力，即行动的力量、累积的力量、经历的力量。我们必须要持续地行动、快乐地行动、创造性地行动。当行动持续产生，我们便产生了习惯的力量。习惯的力量是行动的最高境界，行动变得如此流畅、自然、轻松。因为，习惯是你伟大的潜意识的力量。

第七种力量，是合作的力量。当我们开始懂得合作的时候，就会产生合力。合力是世界上最大的力量，好比一首动听的歌曲是来自于许多乐器奇妙的合奏；一条柔韧的电缆是来自于多种金属的绞合。

改变的七字真言：心爱志梦思行合！

时光好快，一转眼，我大学毕业已二十多年，真是不可思议。我好希望，每一个渴望改变的人，都能看到这本书，开启独一无二的改变旅程。

无论何时，你的改变都可以开始。人生就是一场自我的救赎，是不断迭代、升华、跃迁的旅程。人生，是一场属于你心灵的盛宴。

我们所经历的一切痛苦、挫折、挑战，都是你人生改变的课程。

祝福你拥有真理和爱！

那是一种美，

不可言喻的美，

在我们的心中绽放，

属于你，此时此刻！

育良　心祈

2020年正月初一

Contents

目 录

第一章

心力

觉醒之光

我们的心是一切的主宰，是我们一切的源泉。人生只有一件事情，就是我们的起心动念，这是我们生命中最大的力量。如果我们的心出了问题，一切都会出问题。心是我们人生的发动机，心是我们的根，其决定了我们是否能够枝繁叶茂。

一个人怎样思量？一个人将去向何方？你的心灵力量，就是你人生最大的力量，心的力量决定了我们一切的行为，行为决定了我们的品德，品格决定了我们人生一切的因果命运。

有一句电影台词说，“大多数人活在一种平静的绝望之中。”也就是说，大多数人一生都没有醒过来，他们从未觉察，从未发现自己的心力。

你有明珠一颗，久被尘封关锁。

你的心本可以照亮万千山河。

你不用去任何地方，你只需和你自己的内在世界做一个深深的对话。那么“钻石”就在你家的后院，你最大的财富来自于你的心灵。

如果我们是桀纣的心，绝不可能做出尧舜的事业。内心有无穷无尽的宝藏，觉察我们的心灵，反省我们的内心！这就是心的秘密。当我们内心光明的时候，我们会豁然开朗，千江有水千江月，万里无云万里天。你会感动得澎湃磅礴，幸福得手舞足蹈。

第一节 觉察的力量

未经审视的生活，不值得过。

从小到大你接受了多少教育？你在教室里坐了多久？你的家长、亲戚向你灌输了多少道理？可是，你真的快乐吗？我们还需要接受说教吗？

我们需要的，是理解！我们需要的是审视！我们需要觉察！

我们不能活在别人的说教里，没有独立的判断和人格。你要连接你自己，真正地为自己而活，活出全然的喜悦和宁静！

生命是一个任务，但它是外在任务吗？还是名利、事业、家庭？

更有一场奇妙的内在任务，看不见，摸不着，却真实可感。

我们的心灵、我们的情绪、我们的人格，通过内心的审视、发现、疗愈，让内在世界更明亮、浩瀚、宽广。

内在任务的核心就是“觉察”，不带任何评判的觉察，感受更真实的你自己，成为更美好的你自己！

任何知识、智慧，都无法让你改变，除非你觉察！

任何先师、圣哲，都无法让你觉醒，除非你觉察！

任何磨难、挑战，都无法让你顿悟，除非你觉察！

佛家说精进，又说放下，说忍辱，又说大勇，如何是好？

如何选择？关键在于：“觉察”！静坐时，观自在，观内心。如果你妄念太多，不能如实生活，此时“放下”！如果你虚度光阴，蹉跎岁月，此时“精进”！

天下的道理，都在于何时何事，都在于与自己的深度连接！

我们经常被某项工作所主宰，活在自我赋予的价值之中，称为“自我赋予效应”。

领导者会沉浸于自己所认定的价值观之中，而忽略了这个世界。

称为“路径依赖”！

所有人都有直觉，都活在自己的惯性认知之中，称为“有限理性”。

综上所述，此时，“觉察”是如此重要，你可以远眺，可以换一个新路线来上班，可以重新审视你的产品线，可以观照你内心的声音……

坚持必须坚持的，放下应该放下的。放下所谓的“我”，打破固有的惯性，你会拥有更真实的快乐。

孟子说：“学问之道，求其放心而已。”

一个人能将此心安定，此心不滑，将此心安住在此时此刻，没有被你的烦躁带走，没有被你的愤怒带走，没有被你的痛苦带走，了不起！

哲学说：“主人翁何在。”

在我们的生命中，如何能够做到放心？

答案是要成为我们自己的观察者。

人生有两个时刻：第一个叫自动化时刻；第二个叫体悟时刻。如果一个人始终处于自动化时刻，他将很难上升到一个更高的层级，他首先需要观察自己，这时就会进入到体悟时刻，关注自己的呼吸，关注自己的念头，关注自己的心。于是，他才能真正地放心！

这个逻辑和《思考的快与慢》一书的逻辑完全吻合，普通人就是快思考，想到就做，被习惯驱使，如抽烟喝酒，不能自拔。高手是慢思考，深度思考，不断地反省和觉察。那么，你有慢思考吗？

对工作，是否上升到“求道”的境界？将心沉醉，专心致志！工作即专注！

对文化，是否上升到“信仰”的境界？能不能融化员工，全心投入！文化即作风！

对生活，要上升到“觉察”的境界，喜乐悲苦，皆是修行。

看此心，如何动？看我行，是何境？生活即习惯！

人生就是每一天的洗心革面！这一切所指向的……

就是我们的这颗心。

是否更饱满，更喜乐，更积极，更平和，更阳光，更从容，更笃定！温润如初……

祝你心怡、心宁、心明；心安、心定、心悦！

事业：激情投入，心无旁骛！

生活：热爱陶醉，心花怒放！

挑战：愈挫愈勇，心潮澎湃！

修身：正念正知，心如明镜！

健康：内静外动，心旷神怡！

情绪：流淌驰骋，心悦诚服！

做人：温润悦纳，心平气和！

爱情：温暖和美，心心相印！

第二节　觉察的源泉

觉察当然好，问题是如何觉察？第一是自知，埃及的金字塔上刻着永恒的哲理——了解你自己。第二是良知，你内在的定盘针，千圣皆过影，良知乃吾师。

自知

老子、佛陀、苏格拉底、孔子。

你喜欢谁？

我喜欢老子，老子最幽默、最不羁、最亲切……

老子说："知人者智、自知者明！"

我们并不了解自己，常常弄不清楚我是谁？

西方是科学，求世界的真相；东方是哲学，求内在的真相。

内在即宇宙。

如果我的生命是一个苹果，那我就竭尽所能地让我的生命更丰硕、更甜美。

如果我的生命是一个柠檬，那我就竭尽所能地让它尽情的酸。

如果我的生命是一个橙子，那我要竭尽所能地榨出鲜美的果汁。

全球著名的度假酒店董事长保罗，在收购任何一家酒店时，首先要解雇这家酒店的总经理，别人问他为什么不与这家酒店的总经理谈话，他说不谈了，因为如果这家酒店的领导者具备领导力，这家酒店就不会被收购。一切的问题都是领导力的问题！推荐全球著名领导力巨作《真北》。

真北领导力——你要对着镜子中的自己说：

“我钦佩和尊重镜子中的这个人吗？

我拥有足够的勇气和自尊吗？”

世间所有的人都在试图了解一件事，就是自我认知！

我是谁？

我将成为谁？

当你通达、彻悟、了然时，你就成为了你自己的神明！

自我认知是情商的第一要素，处事不苛责，也不会过分幻想，诚实地面对自己！

见人之非，万恶之首；见己之非，诸善之源！我们习惯于批评别人，却忘记反省自己。我们习惯于指责别人，却忘记要求自己。我们总是看到别人的缺点，这是一切罪恶的源泉。

能够审视自己的优缺点，是一切成就的根本。

一切广告的目的，一切广告的核心，就是制造“自卑感”，这个你没有吗？其实你有了，你本相俱足，你可以更自信、更快乐、更成功！

其实，外相一片虚无！你本卓越！

著名企业家韦尔奇在年轻的时候，得到一句宝贵的忠告，这句忠告对他的一生产生了波澜壮阔的影响……

光阴流转，韦尔奇七十岁时，年轻人问他如何过好这一生时，他再次提到了这句让他热泪盈眶的四字忠告：“做你自己”。

你的心声、你的风格、你的优势、你的……

是的，做你自己！

练习：自觉表

1. 再过十年二十年，你渴望成为一个什么样的人？

思考______

2. 你有着清晰的愿景吗？你心中的未来景象是怎样的？

思考______

3. 如果你的生命中出现了一个奇迹，那会是什么？

思考______

4. 你了解自身的优势吗？你最大的优势是什么？

思考______

5. 你最热爱的工作是什么？你做什么事情轻而易举，如鱼得水？

思考______

6. 你认为生命中最有意义的事情是什么？

思考______

7. 如果你要送给你的父母一个最好的礼物，那会是什么？

思考______

8. 你对你今天的生活感到满意吗？

思考______

9. 你希望过一个什么样的生活？

思考______

10. 你对世界的贡献是什么？

思考______

良知

心是什么？道家喻为黄庭！佛家喻为般若！儒家喻为方寸！

心分为意和知？这是一个重大发现！

意就是念头，知就是良知，意不可控，知可控。

人的念头变化莫测，实难把握，有善念，也有恶念

幸而，有“知”。修行就在“良知”上，宛如暗夜明灯，鬼魅遁形，亮如青天，朗朗乾坤。当知觉愈明，成为下意识的念，自觉的意，这就是《大学》中所讲的“诚意”！

为什么王阳明言“致良知”，何为“知”？

“知行合一”中的“知”并不是知识、知道的意思。“知行合一”中的“知”，赋予的最高境界就是“良知”。

在现实生活中，很多人会去算命，会算自己的运势、事业发展走向等，这实在是荒唐。这不是真与伪的问题，只是方向大谬。我们要关注的是，我们的心，我们有没有对心进行彻底而重大的反省，洗心革面。我们需要思考的是我们为什么有这样的念头，如何才可以拥有正念？念念不忘，必有回响。每一个念头都会变大，因此要不断地觉察和反省我们的念头。

西乡隆盛说：“惜己为万恶之首！”

人若太看重自己，终日将营营于得失之间，惴惴于不安之中。

一个人最要算的，是自己的心，一个人，只要按着“良知”来生活，就是大道，就是天理，何必算命，何必彷徨……

当下就是安宁、坦然、灵明……

良知会让你判断对错是非；良知会让你知道何去何从；良知会让你开始坐言起行！

不是良知。而是致良知，“致”这个字，意蕴深刻……

良知虽本体俱足，然浮云蔽日，须勤拂力行。

是警醒！

多少明镜高悬……是悔悟，

多少豁然醒悟……是精进

多少天地开阔……是致臻！

稻盛先生在创业的过程中，遭遇过各种各样的困难，这些磨难历练让他领悟到：人心非常孱弱且容易受伤，不可信赖，但一旦被强大的信赖关系连接在一起，却会拥有强大无比、无坚不摧的力量。

稻盛先生悟到了这一点之后，就开始了以心灵为基础的经营实践，不断地反求诸己、反躬自省。在京瓷，判断正确与否的标准，不是得失，而是善恶，也就是说“作为人，何为正确”这一最基本的道德规范，这些内容被总结提炼成了稻盛哲学。

如果用一句话来概括的话，稻盛哲学是将“具有普遍性的正确做人的判断标准”“禁止私欲膨胀”“不说谎不骗人”“做正直的人”“利他之心”等一些基本的道德、伦理授之于人。

其实，这些单纯的道德伦理观，是连小学生都明白的道理，但“知”与“行”之间存在天壤之别。比如利他之心，脑袋里非常清楚，但实践时一不小心就会被利己之心占据。只有真正把稻盛哲学领悟透彻，并且在实践中贯穿实行，才有可能成为一名合格的领导者，正是因为京瓷很重视稻盛哲学的渗透，阿米巴经营才得以良好地运转。

“企业家究竟是社会的主流、栋梁、支柱，还是高危人群，只是一念之差。”这一念就是我们的私欲之别，扎克伯格说：“一个企业的创始人，要优雅地为社会解决问题。”这才是你的初心和发愿，生命的原动力！

王阳明说：“良知能‘生天生地、成鬼成帝’。”

这八个字太震撼。天和地都是良知所生，一个人即使到了绝境，只要良知光明，天地亦焕然一新！一个人成为鬼还是王，都是良知使然，生命中的每一

分钟，我们都会和内心对话，都会生出善和恶的力量，此力生生不息，人生大道，是万劫不复，还是青史垂芳，皆是一念之差！

因此，我们得以神圣地存在……

问卷

1. 你做事的准则是良知吗？ 是□ 否□
2. 你不时叩问自己，光明如许吗？ 是□ 否□
3. 你的良知自动切换，时时在线吗？ 是□ 否□
4. 你的良知和心声，让你做事如有神助吗？ 是□ 否□
5. 你的良知，让你豁然开朗，思如泉涌吗？ 是□ 否□
6. 你时常自我欣赏吗？ 是□ 否□
7. 你觉察自己，并懂得反省吗？ 是□ 否□

第三节　觉醒的道路

觉醒的道路是什么？修炼的法门是什么？

如何才能幡然醒悟？

是当头棒喝，醍醐灌顶，还是你的蓦然回首。

我们提供三个觉醒的策略。

第一个是发问。

爱因斯坦曾说：“世界上最伟大的智慧不是答案，而是发问。”

没有愚蠢的答案，只有愚蠢的问题。

第二个是驻足。

因为只有停下脚步，才可以看见天空。现代社会BAT、TMD，让你如此忙乱。有一本书叫《信号与噪音》，你要知道你的生命中的信息，99%都是噪音，只有1%是信号。务要放下你对手机的依赖，知道你应做什么。

第三个是感受。

深度的感受，深度的理解现实。我们活着，有时候却没有感受。鲜花的美，是因为鲜花进入了你的心，你感受到了吗？

发问

人们是无法明白的，

除非你提出一个好问题。

“问题就是种子！”

人们总是希望直接收获果实，却疏于埋种子和耕耘的过程，以至于昏沉，以至于断断续续！

当你习惯了自己去埋“种子”，用自己的思考去浇灌“种子”。

你才会成为智慧的园丁，让智慧生生不息，奔腾激越！让自己成为智慧的园艺师。

和自己对话，就是和宇宙对话，你会听见智慧的声音，让你豁然开朗！

苏格拉底是和孔子齐名的西方圣哲，500个高手合力，也无法和他辩论，因为他会“发问”！他把自己比喻为“思想的助产师”。苏格拉底是一个和精灵对话的人；一个追问真理的人；一个关注灵魂最大利益的人。

苏格拉底的觉知三部曲是：

（1）发问

（2）觉悟自己的无知

（3）发现真知

因为，真知是你潜意识的己知。

人们无法听懂，只有自己觉醒！你问对问题了吗？这世界上，无数人身体健康、心智正常，但是他们“不开心”？

在硅谷，有一种病叫C抑郁症，就是凡是头衔带C的，如CFO、CEO、CMO……非常之多的狂躁抑郁症。

怎么办？

“问对人生的问题”

如我的生命中最值得感谢的是什么？我拥有什么？我做对了什么？我的意义是什么？

而不是问：为什么这么努力，利润还是差一千万？

焦点决定情绪！

为什么晚上不能像白天一样亮？

为什么人和人不能瞬间链接？

为什么人不能迅速找到自己想找的信息?

为什么你不能问出一个好问题……

你应该问自己一个好问题?

问题是困惑、困扰和烦恼，问题也可以是觉察、觉悟和醒悟。

当你意识到“问题就是最佳的礼物”，让你无限接近真理，彻底了解真相，你才会真正的强大!

不遇烦恼，不生智慧!

挑战愈大，成就愈美!

你今天生活中遇到的问题，如果站在古往今来的角度，就会非常之小!

你今天在工作中遇到的所有挑战，如果站在宇宙的角度，就会非常简单!

当一个人的心灵高度足够高的时候，就会发现事情足够简单，事物有其固有的简单性，只是我们的心灵将其误认为太过于复杂!

当你飞越云层，就会发现雨季不复存在，万里长空，浩瀚碧蓝。

练习：发问表

1. 你最想要的一个好习惯是什么？

思考________________

2. 你最想改的一个坏习惯是什么？

思考________________

3. 你做什么，会提高十倍的效率？

思考________________

4. 你拥有哪些独一无二的资源？

思考________________

5. 你最大的核心竞争力是什么？

思考________________

6. 十年以后，你想成为什么样的人？

思考________________

7. 生活中的一个负面事件，会有着怎样的意义和启迪？

思考________________

8. 我的生活中有什么？值得我如此感恩和满足！

思考________________

9. 如果穿越到未来十年后，你会对现在的你说什么？

思考________________

10. 如果你比现在的你优秀十倍，那应具备什么样的信念？

思考________________

驻足

沃伦·巴菲特说："最好的投资策略，就是没有策略！"当你做出一个选择时，你只需安静地等待，什么也不做，就是最好的选择。生活中最好的智慧，不是前进，而是"停下来"。

比如生活中有一些没有必要的应酬，它只会让你更加忙乱、不堪。这时，不妨觉察和审视你的生活，看看"什么"需要停下来？我们的生命，65%的时间，一定要做"重要不紧急"的事，比如产品研发、自我成长、锻炼身体……

大多数人在推销上花了太多的精力，而在行销上花的精力比较少。

直到有一天，你发现，人生不是寻找，而是吸引！

大多数人在锻炼身体上花的时间少，而在保养和治疗身体上花的心血多。

直到有一天，你发现，生命不是外力，而是内力！

大多数人在应酬、认识不同的人这件事上，花的时间较多。

而在自我成长、成为更好的自己这件事上花的时间较少。

直到有一天，你发现：你认识谁都不是很重要，除非谁认识你！

大多数人在看新闻这件事上花的时间多，而在觉察自己这件事上花的时间少。

直到有一天，他发现这个世界没有任何新闻，除非他发现他自己！

我曾于终南山修行，山路崎岖，极其颠簸，始得上山，但见群峰耸立，碧翠荡漾，心意豁然开阔。

平湖静美，清澈见底，此心明净，迎面是大解脱殿，至圣庄严。

我休息之处，是山顶茅屋，拾级而上，小路通幽，渐至深山。

茅屋六七个平方，摆一张小床、一个水池、一个马桶，一个茶几，从九宫格的窗户遥望，映出一幅蓝天白云和绿树掩映的春意。

百年三万六千天，不及袈裟半日闲！

我们的人生，常常在刺激中得到快乐，在无刺激时，成为虚无。

在空山鸟鸣中，就是这么静美，一无所获，一事无成。

我们如何能够真实地活在当下？当下即是临在！

有时候，你走了那么远，你知道你要去哪里吗？

今天，你和一个意向的生意伙伴可以聊上半天，最后却一无所获。然而，你和你的爱人每天的交流连五分钟也没有。

如果当下没有幸福，跑步前进也无济于事，因为再快的速度也无法回到当下。

旅途即终点，那么美！抬头，惊喜！奇迹！

出门想开车，车钥匙被家人不知藏哪了，发火吗？正常！那就走路吧！

餐厅好多人排队，郁闷吗？正常！那就拼桌吧！

约人谈事，对方突然有事去外地了，约好的怎么不守约呢？正常！那去打羽毛球，可球拍还在车里，那就买一支新的吧！

人生，一切皆是正常！

无数人的痛苦在于，希望诸事都顺利，那怎么可能……

人生有一半人批评你，正常，还有一半人喜欢你呀。

孩子、爱人发脾气，正常，没脾气的，是佛。

当你意识到无常皆正常，正常也是正常，你的内在就会放松、平和、中正、优雅，安住在每一个当下，感受生活最真实的美。

抑郁、焦虑，这是现代人身体中普遍存在的负面情绪，我们要区分一下这两种情绪的来源。

抑郁来自于过去，生命中曾经的观念和事件，引发的心智模式和身体状态。如果一个人生命中充满着爱、鼓励，欣赏，认同，嘉许，那么他会远离抑郁。

焦虑是基于未来，基于不确定性。由于当下的互联网大变局，每个人都充满着不确定性，极容易导致焦虑，在美国，四分之一的人有焦虑倾向……

唯一的方法是活在此时此刻！

面对负面情绪的三种处理问题的方法：

第一种是心，如腹式呼吸，让我们的内在处于极安静的状态，深深地呼吸，周天通调！第二个是爱，建立支持系统，你的团队，你的亲人，你的朋友，工作的授权与安排。第三个是身，坚持锻炼，让你的体内能够分泌出内啡肽，去消化皮质醇，使自己的神经状态充满更多的正能量！

汉朝因有文景之治，开始鼎盛。文景是休养生息，属于道家。

深感身体也是如此，不乱吃，不妄念，不熬夜、不折腾，身体已然舒美顺畅，神清气朗。

在这个光怪陆离的社会，“静”已是一种能力，不动是一种智慧！

身心爱皆美！

生命只在这一刹那间展开，若无法全心地与刹那同在，我们将错失生命中最宝贵的事物，而且会意识不到自身成长和蜕变中的丰富性和深邃性。

在夏威夷海滩，70多岁的瑜伽大师阿兰达站在一块冲浪板上，白须飘飘，长袍飞扬，乘风破浪，海报上写着一句话：你无法遏制波浪，但是你可以学会冲浪。

不必出门去看花，朋友，不必费劲，不必出门。

花就在你心里，一朵花绽放千片花瓣，足以提供一席之地。

静坐此地，你会在心里心外，缘前缘后，看见美丽！

练习：驻足自测表

1. 你每天静坐吗？如每天早晚静坐十分钟。

是□　否□　思考________________

2. 你每周跑步吗？

是□　否□　思考________________

3. 你有阅读的习惯吗？你最近读的一本书是什么？

是□　否□　思考________________

4. 你每天能早晚各做十个深呼吸吗？

是□　否□　思考________________

5. 你每个月有家庭日吗？在这一天中，只和家人在一起吗？

是□　否□　思考________________

6. 你会每天写日记，记录下你的感受吗？

是□　否□　思考________________

7. 你会在小区的走廊停下来闻一闻花朵吗？

是□　否□　思考________________

8. 你会站在窗口看夕阳吗？

是□　否□　思考________________

9. 你会细嚼慢咽吗？吃一顿饭在半个小时以上吗？

是□　否□　思考________________

10. 你会和当下在一起吗？当你在洗脸的时候，你感受到水珠在脸上滑落的感觉，你全身心地体验了吗？

是□　否□　思考________________

感受

最顶尖的运动员，和一般的运动员有什么区别？

一般的运动员在长跑的时候，会有痛苦，但他们往往选择忽视痛苦，继续前行，他们认为这是一种强大！

顶尖的运动员则不然，他们会去感受这份痛苦，体验身体发出的信号，从而更好地审视身体、保护身体、运用身体，达到更好的状态。

生命中的一切都是有意义的！都是能量的传递，一切情绪皆有意义。一个人在生活中也是如此，我们要正视生命中的困难、悲伤、挑战，不是漠视、忽视，不是娱乐、喝酒，沉醉其中。

我们要感受生活的痛苦，看到其中的价值，清醒地看到现状，并提出改善性方案，创造性地重构生命！痛苦，是一种觉察，是一种体悟，是一种未了的心愿。

心理学认为，情绪有四种：

第一种称为系统情绪。比如你是一个中国人，那么现在中国人被欺负了，你就会感到伤心失落。一个中国人得到了奥运金牌，你就会开心，因为你活在一个大的系统当中，这称之为系统情绪。家庭、企业都是一个系统。

第二种称为重要情绪。当你被轻视了，你决定要发奋图强，如苏秦当年穷困潦倒回到家中，被嫂子讥笑，后来痛下决心去学习，后拜六国之相国，这就是重要情绪。在我的生命中经历过很多重要情绪的时刻，后面你会读到我的故事。

第三种称为次要情绪。假如一个人失恋了以后，她很痛苦，她开始喝酒，然后消极逃避，麻醉自己。当你遇到一个事件，你是升华涅槃，还是颓废无助？就决定了情绪的走向。

通常来说，愤怒是一种重要情绪，抱怨就是一种次要情绪，因为愤怒是渴望获得更大的力量。而抱怨呢，实际上是一种放弃和责他。

第四种称为超越情绪，就像特蕾莎修女，印度圣雄甘地。在一种悲天悯人的情怀中，他们的内在世界获得了升华，和全人类形成了深深的共鸣。这种共鸣内在有一份无限的悲天悯人。这称为超越情绪，这是极少数伟人所达到的境界。

当痛苦来临，不要逃避，有人会喝酒，有人会娱乐，希望以此忘记痛苦，结果痛苦如影随形、吞噬灵魂。

记住，这是重要情绪。

你要做的，是感受这份痛苦，感受这份痛苦带来的觉察、顿悟、启迪，让自己沉浸于痛苦之中，恰恰是超脱、明白、喜乐的开始。

痛苦是什么呢？

痛苦是唤醒你、帮助你理解生命的震撼。当你经历死亡，当你感觉到彻骨的寂寞，无依无靠，你就像被夺去了拐杖的人。但是如果你即刻想通过安慰、陪伴和安全的形式找回拐杖，你就使那震撼失去了原有的意义。当另一次震撼来临，你会再次经历同样的过程。所以，尽管你一生中有无数经验，有无数次痛苦震撼本应唤醒你的智慧和领悟，你却因为想要并追求舒适而逐渐钝化了那些震撼。

我们需要的，不是忏悔，不是懊恼，而是觉察。忏悔，认为这是好的或者是不好的。然而当大脑处于评判状态，就会消耗能量。

用心的觉察和感受，只是审视，没有好坏，没有对错，甚至没有觉察者。当你恐惧时，当你愤怒时，目睹这种情绪，感受这份信息，你会升华，你会明白，你会释然！

当你感冒时，身体在提醒你需要修复！当你肥胖时，身体在提醒你需要运动！当你愤怒时，情绪在提醒你需要更大的力量！

当上苍赋予你信号之时，你是否接收到？亦或是无动于衷……

你是漠然，还是行动！

这一章要回顾的，是一个心力模型，当良知和自知交汇，心力齐聚。良知是心，自知是力，心力融合，方可大成。见下图1-1所示。

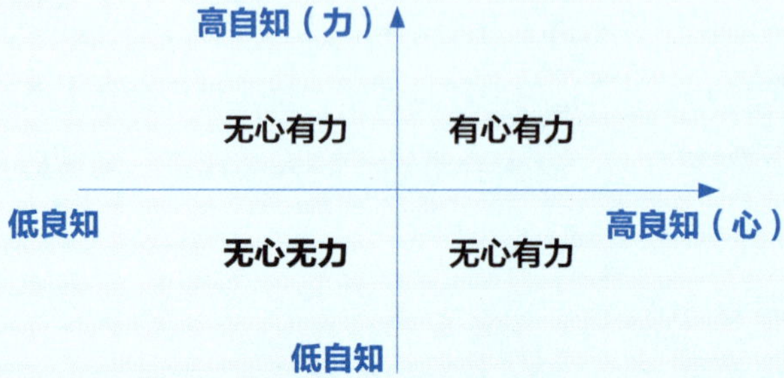

图1-1 心力模型图

练习：感受自测表

1. 你正视你自己吗?

是□ 否□ 思考______________________________

2. 你曾经有过愤怒吗，愤怒中有什么样的启示和力量?

是□ 否□ 思考______________________________

3. 你曾经有过失败的痛苦吗，又有怎样的洞见?

是□ 否□ 思考______________________________

4. 曾经，当人生的挑战来临的时候，你选择面对了吗?

是□ 否□ 思考______________________________

5. 请你列举出，当一次挑战来临时，你如何面对，并且在过程中获得胜利的故事?

是□ 否□ 思考______________________________

6. 你身体的信号，告诉你什么? 你要如何做?

是□ 否□ 思考______________________________

7. 你情绪的信息，告诉你什么? 你可以选择什么?

是□ 否□ 思考______________________________

8. 你生活的状态，告诉你什么?

是□ 否□ 思考______________________________

第二章

原力

真爱如火

无论科技如何剧变，人们最渴望的，依然是“爱”！

爱是生命中最大的燃料，爱是石油，让你燃烧、让你澎湃、让你成熟！

人生中最美好的，不是缤纷的时光，而是你在时光中的感受！

那份暖，那份美，让你的生命升华、优雅，轻舞飞扬，宛如朝霞。

通透的感受，源于爱。

只有爱，让你一路向前！

只有爱，让你不知疲倦！

永生，不是祝福，

如果没有爱，只是漫长的孤单和煎熬！

富贵，不是目的，如果没有爱，只是喧嚣的落寞和黯然！

只有爱……

无论何时，何地，你的心呀，喜悦得无以复加！

任何美景，如果没有进入到你的心，就不是美景！

任何快乐，没有进入你的心，就不是快乐。

任何苦难，如果痛苦没有进入你的心，就不是痛苦。

花很美，是因为花进入你的心！

爱很美，是因为爱已经点亮、浸润了你，将你融化。

我们要设定一个程序，将一切美好的事情化于内心。

为你推荐一部电影《血战钢锯岭》，不是因为其有大场面，而是因为爱和信仰！故事发生在二战的冲绳，当时美军伤亡了17000人，然而这中间却发生了一个神话，一个人的坚守，挽救了90条生命。

男主角道斯，那纯净的微笑，那醇美的心灵，那矫健的身手……

没有什么比死亡的考验更大？

没有什么比信仰更有力量？

没有什么比爱更温暖？

一个人为什么活着？

如果一个人有信仰，那将迸发出无穷的力量……

爱

我的心中奔腾着爱！

我的眼神中凝聚着爱！

我的身体中流淌着爱！

我的生命是一个爱的发光体！

我的旅途是一次爱的体验！

我们的地球是一个爱的游乐场！

第一节　爱的起点——爱自己

完全地欣赏自己，爱自己，是很难的。

大多数人都在不断地责怪自己，无法安静地和自己在一起。

完全地接受自己，才能看见更多，拥有更多！

每天要不断地告诉自己：我喜欢我自己！

哈佛心理学认为：喜欢自己，我是无价之宝！

西乡认为：爱己为万恶之首！

这两者似乎完全矛盾！这是为何？

“喜欢自己，我是无价之宝！”

这是指建立自我心像，不断塑造自我，发现自我之路。

“爱己为万恶之首！”是指不要陷入执着和贪念中，能开启放下自我、割舍自我之路。

前者是精进自我，后者是以大业为己任！

许多人误解了定位，以为定位是产品的定位，或者是顾客群的定位，其实定位是客户“心智”的定位。

百事可乐的定位是年轻，不是年轻人的可乐，而是你喝了就会年轻！

沃尔沃的定位是安全，当然不是老年人，而是渴望安全的人！

你的定位是什么？

因为自爱，所以爱！今早的容颜老于昨晚，也许皱纹无法改变，但内心的童真，永远清澈晶莹！你的小宇宙，与天地同在。

你的精神世界，也会有地震、海啸，会有冲突和战争。

你的精神世界，也可以有大海、河流，会有静美和壮阔。

一呼一吸间，有多少刹那永恒？一生一世里，有多少生命活在你的生命里？人生只有一次，怎能让它不美丽！

练习：感受自测表

1. 你会感谢你自己吗？

是□ 否□ 思考________________

2. 你会欣赏你自己吗？

是□ 否□ 思考________________

3. 你在发挥你的优势吗？

是□ 否□ 思考________________

4. 你每天按时休息吗？

是□ 否□ 思考________________

5. 你会定期运动吗？

是□ 否□ 思考________________

6. 你饮食有节吗？

是□ 否□ 思考________________

7. 你充满活力吗？

是□ 否□ 思考________________

8. 你高度地尊重自己吗？

是□ 否□ 思考________________

9. 你时常自然地微笑吗？

是□ 否□ 思考________________

10. 你会有一种由衷的喜悦吗？

是□ 否□ 思考________________

第二节　爱的关系

生命就是关系，关系的核心就是爱。有一个著名大学所做的长达70年的研究，究竟什么让人幸福？什么决定了生命的品质？结论是“关系”，关系的品质决定了人生的品质。

两性之爱

这世间有一句话，如此美，又如此被滥用，这句话是“我爱你”！

当我们说这句话的时候，要叩问自己，我们真的了解对方吗？他（她）的生命历程，甚至脉搏呼吸。

如果你还不了解，你爱的是什么？

我们在说“我爱你”的时候，有多少是基于美貌和财富？有多少是基于灵魂和人格？

真正的爱是基于了解、深深的了解……

一个眼神，水乳交融，一个表情，心领神会。

不只是理解，而是心解。

心解大于爱！心解万岁……

什么是“爱”？

爱不是依赖、不是占有、不是欲望，不是投射，而是投入你全部的智慧和力量，为对方的“心智成熟”做出努力！

这才是真正的爱！

当我们心智更加成熟，我们才真正地拥有谦逊和幸福！

家不是房子，而是家人，天涯海角，有爱为家！

情不是情感，而是情怀，济世悲悯，情系苍生！

爱不是爱情，而是爱心，心怡万象，兼善天下！

你不是爱上某个人，而是爱上“爱情”！凡是以人为爱，皆容易陷入得失、纠结、孤单……

人在变化、流动、进退之中，永恒的是爱，不在于人。

让爱长青。

曾国藩说：“对子女要‘一无所恃’”。就是让他没有任何的依靠，他才会真正的强大。这才是真正的爱！

同理，在伴侣关系中，如果你放下一切对他（她）的期望，如实自在地生活，爱才会真正显现！

然而，更高层次的爱，是活在彼此的生命之中，彼此承载。

当你看见美食、美景，享受乐趣、乐事，你都会情不自禁地与他（她）分享。如果他（她）不在，一切都失去了意义！

为爱而死是至高的境界！为爱而生是至美的境界，

因为你活着，等于他（她）活着！

多年前，我去一家企业讲课，那个企业的办公室主任已经60多岁了，课间他和我交流，他说，其实人的一生，财富只是表象，哪怕家里只有20多个平方，也可以关灯点个蜡烛，和爱人跳一曲浪漫的小舞，充满着温馨与和美。当时他说的话让我印象深刻。多年以后，我还记得他怡然自足的表情。

和谐，和美，和顺，和气，正是生命中最美的写照。

世间万物，不维护不保养，就会消亡。称为“谪”！佛家曰：“成住坏空”。

一件器物，唯有持续地擦拭和呵护，才能历久弥新；

一个家庭，唯有不断地关爱和付出，才能丰美如初。

当你不断地付出和更新，你会推开一扇扇门，跨越一座座山，你就会不断地发现美，你会一次又一次地爱上同一个人！

爱的关系评测表

1. 爱是一个动词，在爱的关系中，你持续地付出吗？

是□　否□　思考＿＿＿＿＿＿＿＿＿＿＿＿

2. 在爱的关系中，你会道歉吗？你会认错吗？

是□　否□　思考＿＿＿＿＿＿＿＿＿＿＿＿

3. 你在不断地自我更新，创造一个全新的自己吗？

是□　否□　思考＿＿＿＿＿＿＿＿＿＿＿＿

4. 你会将爱付诸行动，而不仅是语言吗？

是□　否□　思考＿＿＿＿＿＿＿＿＿＿＿＿

5. 你意识到，爱的关系，是我和我内心的关系吗？

是□　否□　思考＿＿＿＿＿＿＿＿＿＿＿＿

6. 我的内在如此丰盛，我的内在是喜悦的吗？

是□　否□　思考＿＿＿＿＿＿＿＿＿＿＿＿

7. 我已经疗愈了我内心的伤痛，从不迁怒于对方吗？

是□　否□　思考＿＿＿＿＿＿＿＿＿＿＿＿

8. 你在爱的付出中感到喜悦吗？

是□　否□　思考＿＿＿＿＿＿＿＿＿＿＿＿

9. 你愿意无条件地分享吗？无论是物质和精神。

是□　否□　思考＿＿＿＿＿＿＿＿＿＿＿＿

爱的关系——孩子

我看过一个数据，在十多年前，北大、清华这两所高校里，农村来的孩子占到了30%，但是在这几年呢，比例降至15%。

这是什么原因呢？

因为大量的务工人员，产生了许多的留守儿童，爸妈远行去打工，没有爱的陪伴。

爸妈也许没有知识，但是爱的眼神，足以让孩子发生改变。

公司如此，人生如此……

你用心陪伴你的孩子了吗？

你用心关注你的员工了吗？

我们需要的不是知识，而是爱！爱是知识的源泉。

什么都可以外包，只有爱不可以外包。

家长会送孩子去学围棋、学钢琴、学论语，但是爱是无法外包的，你才是孩子最大的老师。

先生会给太太钱，然后说打拼好辛苦，然后回到家一言不发。爱是无法外包的，我们不是印钞机，夫妻之间更需要情感的支持。

爱！真的不能外包……

孩子不是占用了我们的时间，而是启迪了我们的生命！孩子不是剥夺了我们的时间，而是丰富了我们的生命！在孩子和你住在一起的这十几年里（大学期间往往住在学校），对你来说是十几年，对孩子来说，就是他的一生。因为，这决定了他一生之地基、一生之大略、一生之格局！当然，作为父母的我们最好不要用“比较教育”，不要把自己的孩子跟其他孩子进行比较，因为任何一个孩子都是独一无二的！但是可以让孩子和自己比，只要比昨天有进步，就是非凡！

有一天早晨，小宝的衣服都没有穿，就跑到我们房间的床上，奶奶问他为什么。他说因为想爸爸妈妈。孩子的话让我好心酸，由于近期出差时间太久，从安徽到杭州，从杭州到上海，十多天没回家。

人这一辈子，可以没有一切，但是不能不拥有爱！

去接孩子下课时，心中幸福点点。一个人养育孩子的过程，绝不是生活的琐碎，不仅是相处的温馨，更是感受自己生命意义的过程！不是被爱，而是付出爱。

你会感受到一个生命对你是如此地依恋，让你的生命充满力量！

人生真正美好的，不是被爱，而是可以付出爱！

一个人可以付出爱，无论他的身形多么渺小，也会瞬间伟岸！

一个人可以付出爱，无论他的声音多么微弱，也会瞬间洪亮！

一个人可以付出爱，无论他的生命多么苍白，也会瞬间点燃！

你是否统计过，每一天，你和你的孩子说话，能超过60句吗？

每天60句话中，你想一下，有多少是指责、要求、否定、批评的话语？又有多少是爱、赞美、欣赏、肯定的话语？无数家长在反省中感到震惊，自己对孩子爱的语言寥寥无几……

有个说法，叫孩子的叛逆期！其实，这个说法并不准确。

孩子的青春期，是其“第二次生命”的诞生。

他开始拥有自我，开始精神世界的构建。

你所需要的，只是尊重他、呵护他，支持他！

犹太人诞生了世界上非常之多的亿万富翁，为什么呢？一切要追溯到他们的家庭环境，他们的家庭教育是如何做的呢？分享一本好书《特别狠，特别爱》的核心观点：

（1）把生存教育放在教育的首位，如服兵役，创造磨难；

（2）让孩子自己树立激励自我的愿景；

（3）让孩子养成“我要学习”，享受阅读，终身学习的习惯；

（4）左手赏识，右手逆商，逆商的四大要素是：控制、归属、延伸、忍耐；

（5）超前满足、即时满足、超量满足是家庭教育的三大软暴力，因此家庭教育应倡导延迟享受，理解人生；古语云“欲要小儿安，三分饥和寒”；

（6）鼓励孩子自我思考，进而做出生活的选择；

（7）有偿生活机制，比如让孩子做值班家长，承担家务；

（8）知识是抢不掉又可以随身带走的资产；

（9）切记不做直升机式的父母，无时无刻不在关注和盘旋，而是要做秘密战士型的父母，有温度、有理智地爱孩子；

（10）教孩子学会理财，并不是储蓄，而是合理地消费，进行记数记账。

世界上万门工作，养育孩子是最艰巨的工作之一，却是唯一不需要执照就可以上岗的工作。

爱是一门深刻的艺术，更需要学习。

什么是人生的意义?

孩子你问我什么是人生的意义？当你躺在我的臂弯中，我们彼此深情地凝视时，这就是人生的意义。

当你看见小区中的猫没有食物，你说爸爸我们去给小猫买食物吧，我们一起去买猫粮，那份爱，就是人生的意义。

那一天我出差，你说爸爸怎么又出差了？因为有很多需要爸爸去关注的客户和同学，这就是我人生的意义。

那一天我出差，你跟我说爸爸赶快出门呀，出租车要来了。我感谢你的提醒和你的爱，你长大了，那份爱就是你人生的意义。

人生没有惊天动地，也许就是抚平一只知更鸟的伤痕；也许就是帮助一只小猫咪获得食物；也许就是分享一句话，这些都是人生的意义。

当我回想起来，那天你说爸爸我们去喂小猫的时候，我的心依然颤动，一个孩子的心有多纯、有多美，你让我明白了生命是如此地纯净，而你的存在就是我人生的意义。或许有一天，你会成为跆拳道的世界冠军，或许你会走得更远；或许你会成为博士、画家，你会探寻生命中更伟大的意义。但是我想说，

当你如实喜悦地生活，

当你将爱向世界流淌，

已经获得了生命中最大的意义。

爱的关系：孩子的评测表

1. 你每周有时间陪伴孩子吗？你是孩子最好的“玩具”，并陪伴孩子玩耍吗？	是□　否□
2. 你会写家庭日记来记录美好的事件吗？	是□　否□
3. 你赋予孩子无条件的爱吗？	是□　否□
4. 你在教育的过程中，帮助孩子树立正确的价值观，坚守良知和道义了吗？	是□　否□
5. 你不会过量满足孩子，而是适度满足孩子的需要吗？	是□　否□
6. 你鼓励孩子自我思考，而不是代替他思考吗？	是□　否□
7. 你懂得让孩子独立地去面对他的生活，培养他的逆商吗？	是□　否□
8. 你带头学习，让孩子享受到阅读的乐趣并且持续地学习吗？	是□　否□
9. 你帮助孩子学会理财，并且自己记账吗？	是□　否□
10. 你帮助孩子树立了他的梦想和愿景吗？	是□　否□

爱的关系——家庭

父母之年，不可不知也。天地生万物，祖先孕育众生。人活在一个大系统之中，需要心的归依。

如今，无数华夏儿女在拜祭先人。当我们拜祭先人时，拜什么呢？

是祈福吗？是祈求保佑吗？是：

（1）感激。

将爱回流，将爱循环，生生不息。

（2）传承

秉承文明，福由慧生，心明神定。

（3）安心

此心安处是故乡。

有一天，我的眼睛变得很清澈，于是我仔细回想是吃了什么奇妙的果蔬吗？

后来终于想通了，是因为阅读了《懂得》这本书，流下好多眼泪，爱正疗愈心灵。《懂得》这本书是央视著名的记者董倩所著，一个发问如此直指人性的主持人。

好多感动的情节，看一次、哭一次。

看到一位残疾儿童为他的妈妈留一块饼干的时候，泪水夺眶而出。

一位老人竟然宽恕了杀自己亲生儿子的罪犯。法官说：这么多年，我只看见两种选择，一种是要求一命抵一命；另外一种是要求补偿到位，选择原谅，我这一生是第一次看见。

我被这世间的真情所感动，被这些平凡人所展现的大爱所震惊。此刻，我泪眼婆娑。

原来，爱和感动才是生命中最好的良药。

哭泣，我们一直认为是一种消极的情感。

事实上，哭泣对人们的情绪来说至关重要。“感时花溅泪，恨别鸟惊心。”喜极而泣，感动而泣，皆是一种情感的释放。

科学证明，哭泣可以触动一个人的副交感神经，因为交感神经是负责人们在清醒状态下的运作，而副交感神经是在你睡着时，负责你身体的一切运作，你的呼吸、你的潜意识。所以，当你哭泣时，你就触动了你的副交感神经，使你的潜意识更加地自如、流畅、奔放。这就是婴儿为什么哭得越多，睡得越香的道理。

大多数人的情感都处于平静的状态，缺少释放、缺乏曲线。然而当你听一首歌、看一部电影，泪光闪动时，这意味着你在真实、纯粹地投入生活！

当我读到一个十三岁的少年孤身远赴台湾，从此远离故土、远离亲人，三十年来，日日夜夜梦见自己的母亲，终于在六十岁时收到家书，只是母亲与他已是天人永隔，这份母子之间的牵挂之情，让人泪流满面……

当我读到妈妈因为家境太穷，必须在孩子饿死和送人之间抉择，终把三岁女儿送走，从此天各一方、一生念想，再念及自己的孩子，心碎百转，让人泪水涟涟……

当我读到九岁孩子捐献自己的骨髓给自己的亲生父亲的时候，这份爱令人柔肠寸断，同时我看到一个孩子如此纯净的灵魂。

世界上最伟大的是爱，最感动的是爱，

最美好的是爱！不要忘记我们所做的一切，都是为了爱！

美国一家航空公司出了一句广告语，令无数人潸然泪下！

“陪伴家人，才是你最重要的应酬！”

这句话，你年纪越大，越懂！

爱的关系：父母评测表

1. 你陪伴你父母去过最美的地方是哪里?

是□ 否□ 思考

2. 如果你给你的父母送一个礼物，那会是什么?

是□ 否□ 思考

3. 你记得你父母的年龄和生日吗?

是□ 否□ 思考

4. 你与父母每一年会大合影吗，是否拥有回味无穷的照片?

是□ 否□ 思考

5. 你鼓励你的父母拥有更积极、更健康的生活方式吗?

是□ 否□ 思考

6. 你鼓励你的父母拥有自己的爱好，并且拥有充实的生活吗?

是□ 否□ 思考

7. 你会和父母愉快轻松地聊天吗?

是□ 否□ 思考

8. 你会回想起和父母幸福相聚的画面吗?

是□ 否□ 思考

9. 如果你和父母有些误会，你能放下并清空，表示理解吗?

是□ 否□ 思考

10. 每当你想到父母，你的心中洋溢着爱和感激吗?

是□ 否□ 思考

第三节 爱的升华：使命

为什么无数人非常努力，但效果不彰，依然不能拥有幸福和成就，甚至于穷困潦倒。

为什么无数人的事业看似金碧辉煌，却会瞬间倾颓?

因为他们的思想错误，思想是一切的源头！思想决定行为，行为决定习惯，习惯决定品性，品德决定命运！“思”这个字要分解一下，上面是田，下面是心。思想就是心的田地。

心田没有播种下真善美的种子，一切努力皆是苍白和徒劳！

凡是心田种下私欲，恶果已是必然。

心田有两颗种子：

造福客户、造就员工！

生命中的一切不是竞争，而是三赢！你必须深深地明白，你不是要比任何人好，而是如何帮助这个世界变得更好！生命的绚丽，不在于它的长短，而在于你生命中的那些巅峰时刻，那些令人跌宕、温暖、高歌的美好瞬间。我们可以成为一束光，而不是一个“人”，因为人有太多的恐惧、担心、惶恐，而光是一种能量、一种温暖，可以照亮四方，点亮世界！

我意识到我是一个光源，如此澄澈、明朗、坦荡！

硅谷做了一个研究，为什么如特斯拉这样的公司，屡经忧患，却能负重前行。

因为“使命感”。

无论是谷歌公司的创始人拉里·佩奇，或者是亚马逊的创始人贝索斯，或者是特斯拉CEO马斯克，或者是维珍集团的创始人布兰森，他们共同的特点是永远保持激情，同时以布道者的身份来开启自己的工作，而绝非是商人的目的。佩奇说，“你做什么事情能够改变这个世界？在这个世界留下你的痕迹？”

答案是，永远围绕你自己的使命，就不会为眼前的得失而焦虑。做企业是为了什么？全世界做大的企业，没有一个是为了赚钱。

咱们做一项事业，不赚钱是罪恶，赚了钱未必代表成功。衡量成功的标准，是意义，是价值，是赋予了世界什么价值？人生是一个不断帮助他人的过程，不仅是帮助客户、造福客户，更是帮助同仁、造化同仁。有的企业为什么给员工分股份？就是在物质方面成就其员工！

因为拥有财富，才拥有尊严。为什么分精神？

因为正确的信仰，是立身之本。

伙伴们追随你，你有责任、有义务，让同仁有思想、有追求、有人格、有品位。

你舍得吗？你有信仰吗？

考验你的时刻，开始……

创造一个让自己“感动”的人生！让自己感动的热泪盈眶的人生！一切学历、经历、阅历，将撑起你无悔的人生！人生最残酷的事，就是当你发现了人生的真相，你依然会投入全部的爱！如此澄澈！

创业比什么？比一口真气，不能散，我每天写作一小时，每天分享，就是真气。

真气是真的，不能装，是你心中的意愿和使命。

我们的奋斗不是为了拥有，而是为了存在，为了证明你独特的意义，你特立独行的思想，你卓尔不群的天姿！因为你，奇迹之美！世界更美！因为世界，你更美！

我们的奋斗不是为了追名逐利，而是为了做成一个大事儿，解决一个问题，一个让老百姓爱之深、痛之切的问题。坦然！此心一定，一定安心！爱的高级境界是使命。

你的梦境，会不会有很多的恐惧、担忧、声色名利的追逐。

十年的修炼，不如一梦！你的梦境，是不是平实、从容、安宁？

无妄念，无妄想！

十年的梦境，不如生死面前的三分钟。

生死关头，你是不是淡定、祥和、法喜？

无纠结、无羁绊！

你是不是能够完全地忘我，真正将个人的得失放下，全身心地造福客户、造福员工！

你所追求的不是财富，而是使命！

你所追求的不是喧嚣，而是宁静！

你所追求的不是快乐，而是意义！

你所追求的不是完美，而是美！

使命和激情

一个人的人生，本质是使命感！

有一个数据研究表明，根据使命感和激情这两个维度对人做划分：

一个人，没有使命感没有激情，在百分位中要排到90多名；

一个人，有激情而没有使命感，可以排到70多位。

一个人，有使命感，激情不够，那么将会排到30多名。

一个人，充满着使命感，同时又具备激情，就会排到10名左右，居于前列！

为什么很多人的人生起起伏伏，像坐过山车一样，大起大落。因为其只是以激情，以目标，以成就为导向，缺乏内在动机，内在支柱——使命感和意义感！

使命和卓越

通过对全世界的成功者的研究，我发现了他们拥有共同的卓越元素，就是它们都拥有愿景、使命和信念。

他们必须放下小我，去发现一个更大的自我，使自己的灵魂和内在产生深层次的链接，这个信念在他们的眼神中闪烁着光芒。

当一个组织更倾向于灵魂的时候，就会更侧重于企业家精神，会更加主动，勇于冒险，关注机遇，从而催生出行动的创造力。

你要思考，通过你。

你想为世界创造哪些有所超越的东西？你希望看到这个世界上什么东西更多？什么东西更少？你想要归属的世界是什么样子的？

愿景是一种可能会成为什么样子的头脑想象，这种想象超越了知识，超越了一切。一个生生不息的愿景，是一个清晰的方向，而不是一个镜头的目的地。

你愿意为你更大的愿景提供什么服务？为了实现愿景，你独特的贡献是什么？为了实现愿景，你的资源、能力和行动将会是什么？你想要别人记住你什么？你想要成就什么？你想要为自己创造什么样的生活？你希望在自己的简历中加上什么？

一切值得深思……

有人会问，使命和愿景哪一个重要？我们来举个例子，以此说明使命为什么大过愿景？

郑和下西洋，目的地重要吗？去美洲，还是去非洲？还是东南亚？

都不重要？出海本身最重要，去哪里这个愿景已不重要。

目的大于目的地。重要的是出海本身。

其使命是要联动这个世界，是要和世界各民族沟通！

企业也是如此，华为要成就客户，不仅可以做移动设备，也可以生产手机、笔记本电脑，只为造福客户。有时候，很多人只执着于目的地，却忘记了为何出发，“初心”讲的就是这个意思！

我们做教育，亦是如此，教什么是个表象，但要有一个阶段的愿景，其本质是如何唤醒更多纯粹、喜悦、美好的生命。

这一章读来，你会发现，爱的品质会不断地升级，从爱自己，到爱家人，直至爱使命，称之为爱的三重楼。如下图2-1所示。

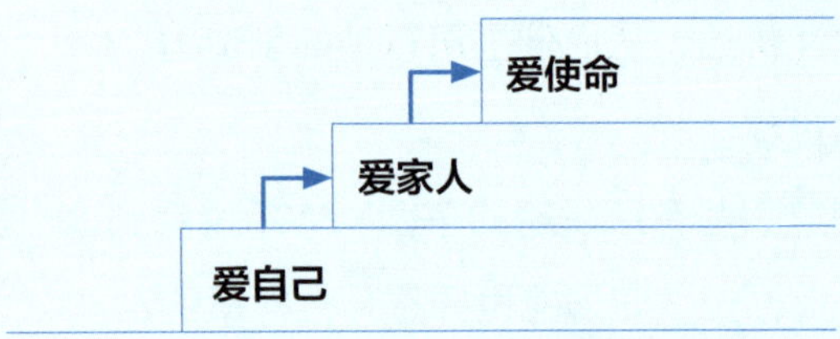

图2-1 爱心三层楼图示

使命自测表

1. 你人生的使命是什么？

是□　否□　思考______

2. 你的使命是否是独特的，与众不同的？

是□　否□　思考______

3. 每当你想到你的使命，你是否会感到激动，活力四射呢？

是□　否□　思考______

4. 你的使命，是否让你觉得幸福坦然、造福他人呢？

是□　否□　思考______

5. 当你看到 10 年后，20 年后，你实现了你的使命，你是否会觉得满足笃定，充满成就感呢？

是□　否□　思考______

6. 这个世界会因为你而变得有什么不一样呢？

是□　否□　思考______

7. 在你的生命中，关于你，一个最让你感动的真实故事是什么？这个故事呈现了你的使命吗？

是□　否□　思考______

8. 你已经将使命文字化、宣言化了吗？

是□　否□　思考______

9. 你愿意为了你的使命而放弃你个人的休闲时间吗？

是□　否□　思考______

10. 你的使命中，要造福哪些人？

是□　否□　思考______

第三章

定力

决定如金

我曾经受邀在一家教练技术公司讲课，走过这家公司长廊时，看到墙上有一幅巨幅海报，海报上面写着奥运会历史上最佳宣传语，令我驻足良久！

这句话只有六个字：点燃心中之火。

是的，你是否已点燃心中之火？

火只有从内点燃，无法从外点燃。

最伟大的火是心之火！

你做出的决定将决定你的人生。

在态度中，最重要的是承诺。如果我们真正地承诺了一件事情，我们就要坚持，无论遇到任何困难，也必定要将这件事情做成。很多时候，我们拍着胸脯开始，可稍有挑战，就拍大腿埋怨，由此可以说，我们并没有做出真正的决定。

一个孩子找到他的爸爸，想要学国际象棋。

爸爸问他："你决定好了吗？"

孩子说："我决定好了！"

爸爸说："不，你还没有决定好，如果你真的决定好了，你下一周再来找我。"

下一周，孩子又来缠着父亲说："我已经决定了！"

父亲说："你要知道，如果你真的决定学国际象棋，每周会有两个晚上进行学习，星期六要一天没有休息时间，因为要去学国际象棋，此刻，你必须全身心地热爱。此刻，你还没有决定好，下一周再来找我。"

又过了一周，孩子来找父亲，他说："我真正地决定好了！"

这次，父亲昂首赞许，说道：

“我知道，你真正做出决定了。那么你可以开始了！”

这个孩子真正做出决定之后，便一发不可收拾。在学习国际象棋的过程中，始终无怨无悔，直到他拿到了全国同年龄组国际象棋比赛的冠军。这是一个真实的故事，源于孩子的决定和承诺。

第一节　决定的开始——勇敢

美女愿意和谁在一起？

不是野兽，

不是大款，

而是勇者，敢于追求者。

美丽人生如此，有胆无识，尚有机会；有识无胆，人生已然消亡。

人生若不是一场冒险的盛宴，就是一无所有！

许多人感慨自己的境遇不够好，却没有想过在你做事的原因中，已隐藏着了一个“最大可能性”。

假如你是上班族，最大的可能是多一份奖金。

同样是创业，心智模式和运作手法，也隐含着“最大可能性”，安逸求稳已无可能，积极求变则有可能！

身体、心灵亦是如此，没有呵护和付出，则无法诱发健康的最大可能性！如果每日慢跑、静坐、阅读，则身心日益安泰！

你正在做的事，引发了“最大可能性”吗？

当你，受尽人世间无数折磨，依然光明！当你，用全部身家投入一个事业，依然从容！

你明白……生活是一场测验，只是一场测验而已！

伍迪·艾伦说：“所有的成功都是从不缺席！”

投入，在你的游戏之中！

以人生所有者的身份来看待自己的人生！

以企业所有者的身份来看待自己所持有的股票!

我小时候一直很困惑，为什么诸葛亮这么厉害，却要跟随刘备，为什么郭嘉算无遗策，却要听曹操的。

原来在这个世界上，除了才华之外，还有一种品质，殊是可贵，是为“勇气”，勇气大于才华。

诺贝尔奖得主丁肇中先生说，“在科学实验中，哪怕只有1%的概率，我们也要去尝试，只要不是0%的概率，都会有成功的希望。因此，人类的文明，才可以昌盛！”

一个人在做事前不能太理性，算来算去，概率太低，就会放弃。要感性地去抉择，如果你真的觉得那就是你的使命，那你就要义无反顾!

虽千万人，吾往矣!

在我的人生过程中，我曾经有很多害怕的事情:

初中时，我害怕和女生讲话，一讲话脸就会红，于是开始拼命写日记;

大学时，我害怕上台演讲，于是我在全班第一个报名参加演讲比赛;

大学毕业时，害怕销售，当我站在南京的街头，不知道去哪里时，在人潮汹涌之中，我决定敲开陌生人的门;

22岁时，我做经理，我害怕带团队，面临不正之风的时候，发现坚持原则之难，因此，我决定做一个有原则的领导人;

35岁时，我不想再拘于平淡的生活，决定举家迁往上海，开始租房，全新挑战;

40岁时，我害怕创业，我深感创业的风险，于是我决定创业，并对创业的挑战，充满热爱;

生活中就是一次一次地战胜恐惧。因此，要做你害怕的事情，直到你不再害怕。

我曾经挑战高空跳水，当我站在三米跳台上的时候，我很恐惧。但是，我果断地跳了下去。当我爬上泳池的时候，我依然很害怕，因此我决定再跳一次，直到我不再害怕为止。

人生就是这样，凡事勉强自己，知其不可为而为之，屡战屡败，屡败屡战。

《稻盛和夫的经营哲学——经营十二条》中，其中有一条是“临事有勇”。其意有三点：稻盛和夫创立京瓷时，朋友抵押房子为他创业，他硬着头皮上；50多岁时，他拿出1000亿日元创立DDI，勇敢；77岁高龄接管破产的日本航空，勇敢。

领导者，比的是谁敢承担责任！

成事者，唯“明强”二字。

明：内明、心明、理明。强：强毅、自强、坚强。

明在内，强在外。明在心，强在意。明则通达，思无碍！强则无惧，行无阻！

明为英才，强为雄才！两者兼备，是为“英雄”！

你是英雄吗?

昔日，班超出使西域，带着区区三十多人，于险境中亮出一句千古名言：“不入虎穴，焉得虎子！”斩杀匈奴使者，如风卷残云，纵横数十载，所向披靡。

苏东坡云：“猝然临之而不惊，无故加之而不怒！”

然！

勇敢自测表

1. 你是一个勇敢的人吗？ 是□ 否□

2. 在面对挑战时，你敢于接招吗？ 是□ 否□

3. 在安逸和冒险之间，你会选择冒险吗？ 是□ 否□

4. 在最近三五年中，你生命中所选择的最具勇气的决定是什么？

思考________________________________

5. 在你生命中最值得去冒险的决定，最值得尝试的事情是什么？

思考________________________________

6. 你愿意为你的生命付出怎样的勇气和决心？

思考________________________________

7. 在过去的三五年当中，你最大的一个新尝试是什么？

思考________________________________

8. 在未来一两年内，你最重要、最富有意义的一个新尝试，值得你勇敢追求的会是什么？

思考________________________________

第二节 决定之心胜

我的老家是金陵，我曾在中山陵上一块石碑前久久伫立，感怀莫名。

万法无法外求，向心求道！

无事可碍心！

孝道不在父母身上，而在自己的心上！

仁道不在他人，而在吾心！

王阳明说："世人都以没有考取功名为耻，我却以没考取功名而动心为耻。"

孔子说："世人都因没有名而痛心，我却因为自己没有发愤图强而痛心。"

王阳明的不动心是指不懊恼、不沮丧，孔子的动心是自省自强。

一个人的惭愧心有多大，他的精进度就会有多强！

燃烧心中的火焰！

什么是心胜？稻盛和夫在接管日本航空的时候，日本航空公司处于破产状态，团队士气极其低落。公司职员都说，从制造业来了一个老人，根本不懂我们服务行业，这简直是乱来。但稻盛和夫此时此刻极其淡定，他说："我一秒钟都没有想过我会失败。我相信我一定可以胜利。"他还说："一定要想象到成功的画面，并且那个画面是彩色的，想得越真实越好，你就一定能实现"。

再读《七个习惯》，体悟了"心灵演练"！生活中，我们无时不在进行"心灵的演练"。

一个失败的推销员，他之所以恐惧，是因为他的心中常演练顾客拒绝的画面。

一个顶尖的推销员之所以勇敢，是因为他的心灵演绎了颁奖的喜悦、妈妈的笑脸等画面。

演练什么，就会得到什么！

世界上最顶尖的运动员都在进行正向的心灵演练。

每一天，你的心灵上，正在上演着全世界最伟大的戏剧，你正是你自己的导演。

叩心之旅

心的体积，为心量，
心量如大海，众生无边誓愿渡；
心的归宿，为心安，
心安如大地，此心安处是故乡。
心静如水，宁静中澄澈至美；
心的前行，为心力，
心力如山，无一处不用心。
心的喜悦，为心美，
心美如莲，笑盈盈笑靥如花。
心好万物好！
心外无物，心即天下！
我心光明，亦复何言！

人生是一颗心的修炼的过程，此心即宇宙。

我们的心可以像一面镜子，纤毫不染！

事来则映，事毕则空。

我们的心可以像一盏灯、照亮四方。

光明温暖，造化他人。

我们的心可以像一尊水晶，晶莹剔透。

宁静若水，浩瀚如海。

我们的心可以像一颗钻石，澄澈绽放！

喜不自胜，驰骋飞扬。

人生就像一杯茶，只有经过高温煮沸，才能散发清香！

我们一切的行为都可以追溯到我们的“心念”！

人们彼此习惯祝福“一切顺利”，反而烦恼无常。

如果你相信“烦恼会修炼我们的心智，挑战会滋养我们的内心！”我们就会对挑战、挫折、困难泰然处之，愈难愈明！

许多领导者认为自己是一个实在人，自己很诚实，总是表现出真实的状态、真实的情绪，甚至无可奈何花落去的痛苦，但是这样，员工的感受真的好吗?

其实，在面对未来时，你需要一点“演技”。

在逆境时表现得很坚定；在执行时表现得很强势；

在庆祝时表现得很澎湃，在挑战时表现得很笃定……

香妃问乾隆如何看待军机处大臣，乾隆说他们都是演绎高手！

“领导者就是在没有信心时，依然能传递信心！”

古往今来，皆是如此！

一个人的胜利来自于他的心灵，来自于他的精神力量！

精神力量来自于什么?

战略家克劳塞维茨认为精神力量有两大要素：第一是苦难，第二是胜利。

没有苦难：就没有警醒、愤怒、坚韧、积聚。

没有胜利：就没有自信、激情、尊严、绽放。

在企业的经营中，我们要呼唤危机，我们要时时刻刻保持在悬崖边搏斗的决心，来迎接事业中的挑战。

同时，用一个又一个“战役”的胜利来巩固和唤醒团队的自信，建立团队的气质。

苦难中孕育，胜利中强大，正是我们精神力量的源泉。

心胜之自评表

1. 你对自己是否充满自信?

是□　否□　思考______________________________

2. 你是否看到了三年后更卓越的自己?

是□　否□　思考______________________________

3. 你是否设想过你未来更美好的成功景象?

是□　否□　思考______________________________

4. 即使在团队没有信心的时候，你是否依然表现得从容淡定，充满自信?

是□　否□　思考______________________________

5. 你是否已经决定成为，而不是决定开始?

是□　否□　思考______________________________

6. 你的内心是否充实，喜悦，满足?

是□　否□　思考______________________________

7. 最近，你重要的决定是什么?

是□　否□　思考______________________________

第三节　决定的方向——价值观

梵高是历史上最伟大的画家之一，可是在梵高的生前，几乎一幅画也没卖掉，从来没有人理解过他的画。

我的卧室曾悬挂着梵高一幅著名的作品《星空》。

这幅作品中，树比天空还要高，然而画廊的老板说："你有没有常识，树怎么可能比天空还要高呢？"梵高说："我觉得让树木接触天空，一直是大地的心愿。"

在人类的历史上，有的人像太阳，光芒万丈，风华绝代，有的人就像闪电，闪烁天空，独行特立。闪电为这个世界做出了独特的贡献。

尼采说："我的话是说给二百年后的耳朵听的。"

如何过自己的一生，始终是自己的选择！

哲学，就是让你理解生命中，什么是最重要的！

生命只有一次！

这一次你究竟要什么？

一个人不可能什么都要！

要钱、要家庭、要幸福、要快乐！

如果当下赚钱让你心安，你就做你该做之事。如果你在赚钱的时候，你又抱怨事业让你无法顾及家庭，你就没有办法拥有宁静。

我们必须要明白的是：

一切都是你的"选择"！

什么是你的心爱之人，心爱之事，听你的心！

一个人，应该感性，还是理性？

李开复在微软辞职的时候说："我必须听从我的心！"

柯维在《高效率人士的第八个习惯》一书中说，第八个习惯就是你的心声，你内心的声音。

一个人理想太多太大，能力太小，就会流于失望，痛苦不堪。

一个人年富力强，却循规蹈矩，不思进取，就会慢慢堕落。

天下的事，在于一个"中道"！进亦不喜，退亦不忧！

在生活中，许多的事情都是一念之差，可谓：差之毫厘，失之千里！

包容和纵容有什么区别？谨慎和守旧有什么区别？放下和放弃有什么区别？

同理心和同情心有什么区别？懒惰和悠闲有什么区别？

什么叫善良，什么叫懦弱？两者的区别是什么？

假如有人骂你，甚至打你，你并不加理会，那这是懦弱，还是善良？

懦弱就是不作为，懦弱就是不敢抗争，不敢去表达自己的意见和感受，懦弱是恐惧和害怕在作祟，而善良并不是不说、不做，善良是以利他的角度来纠正对方、提醒对方，甚至于鞭策对方。

善良的本心是利他的，不是利己。善良恰恰是勇于表达自己的感受和意见，以帮助对方成为一个更美好的他。

价值观看似差一点点，其实却差着十万八千里！

世界上的公司，有三种价值观的选择：

第一种：对员工好，比如京瓷、星巴克等。

在星巴克，兼职的员工都会有医疗保险，员工都会有股票，而咖啡的品质，其实也就马马虎虎。但这并不妨碍其成为一家伟大的公司。

第二种：对顾客好，比如阿里巴巴、亚马逊等。

阿里巴巴和亚马逊的员工福利都不是特别好，但他们对顾客，确实是绞尽脑汁，于是在互联网行业中，他们突出重围。

第三种：对投资人好，比如IBM等。

现实是，你不能讨好所有人，你必须旗帜鲜明地表达你的价值观！

人的一生，其实是价值观的选择。

感悟：

（1）勿忘初心，切忌贪念，价值观决定命运。切忌私欲，私欲如堤坝决口，一发不可收拾。

（2）行善利他，只有额头流汗的利润，才是真正的利润，真切踏实地奋斗，为客户创造价值，尊重市场，才是王道。

（3）自由的生活，朝霞夕阳，胜过一切。清晨，阳光普照大地，草地青青，心意宁静。

我们能不能，不纠结于未来，不茫然于追逐！

安住于当下！因为，有事可做、有人可爱！

是那么的……

充实、满足、悠然！怡然俱足！

价值观十大落地方法

关于价值观的落地，无数企业都在谈，那么，究竟如何去弘扬一个企业的价值观，并且融会贯通、激发人心呢？有以下方法：

（1）如果你不知道该选择哪些价值观，不妨从那些能够让你开心的故事开始，然后就能找到价值观了。

（2）打印一个团队价值观的候选清单，让团队根据选出的故事，挑选核心价值观和期望的价值观。

（3）确保价值观易于援引和参照，确保其在办公场所随处可见，并且要找到跟他们相关的故事。

（4）一定要把价值观和故事转化成让员工来共同维护的一本文化书，而不是公司来维护。

（5）不时地问一问员工是否知道这些价值观，如果他们一无所知，价值观根本就是空白。

（6）周例会从分享一两个价值观的故事开始，然后把它变成习惯，这样就能让大家对其分享，并创造好的心情。

（7）组织一个全公司的价值观之类的活动，要求所有人一起思考组织的价值观。并且问我们应该如何传承这些价值观，并且身体力行。

（8）把价值观添加到夸奖卡，或者是虚拟货币的奖励中，把人们的行为和价值观联系在一起。

（9）有时候，和价值观相反的事，也是值得去总结和批判的。

（10）最后要记住，一定要确保用一种有趣的、丰富多彩的、鼓动人心的方式来沟通价值观。用照片或者视频来捕捉精彩时刻，放入书本和影片中进行分享。

价值观落地的十大策略，你做到了哪一条？

这一章是在探讨决定的力量，决定来自于勇敢、来自于心胜、来自于价值观，勇则无惧、胜则无败、值则无悔，被称为决定的三大“支柱”。如图3-1所示。

图3-1 决定的三大“支柱”图

价值观自测表

1. 你人生的价值观是什么?

是□　否□　思考＿＿＿＿＿＿＿＿＿＿＿＿＿＿＿＿＿＿＿＿

2. 你的价值观已经转化成行为了吗?

是□　否□　思考＿＿＿＿＿＿＿＿＿＿＿＿＿＿＿＿＿＿＿＿

3. 你有坚定的信仰和价值观吗?

是□　否□　思考＿＿＿＿＿＿＿＿＿＿＿＿＿＿＿＿＿＿＿＿

4. 你的价值观是正面积极的吗?

是□　否□　思考＿＿＿＿＿＿＿＿＿＿＿＿＿＿＿＿＿＿＿＿

5. 你的生活和你的价值观是链接在一起的，并且能够得到满足吗?

是□　否□　思考＿＿＿＿＿＿＿＿＿＿＿＿＿＿＿＿＿＿＿＿

6. 你的价值观已经转化成你生命中的故事了吗?

是□　否□　思考＿＿＿＿＿＿＿＿＿＿＿＿＿＿＿＿＿＿＿＿

7. 在你遇到生活中的考验和挑战时，你能够遵循你的价值观，并且影响他人吗?

是□　否□　思考＿＿＿＿＿＿＿＿＿＿＿＿＿＿＿＿＿＿＿＿

8. 你的价值观，具有普世的意义和利他的价值吗? 是□　否□　思考＿＿＿＿＿＿＿＿＿＿＿＿＿＿＿＿＿＿＿＿

9. 你的价值观会让这个世界变得更好，会让你的内在变得更丰盛吗?

是□　否□　思考＿＿＿＿＿＿＿＿＿＿＿＿＿＿＿＿＿＿＿＿

10. 在不同的年龄，你的价值观会发生变化吗?

是□　否□　思考＿＿＿＿＿＿＿＿＿＿＿＿＿＿＿＿＿＿＿＿

第四章

愿力

愿景如船

当我们做出决定之后，就一定要有非常明确、清晰的目标。目标决定策略，明确就是力量。

在义乌有两家企业，一家叫浙江伟海拉链有限公司，曾经做到世界第一名，因为追求多元化，结果发展了二十多年的企业倒闭破产了。另外一家企业叫双童日用品有限公司，这家公司只做吸管，并做到了世界第一名。这家公司的吸管被很多著名餐饮企业所使用，像肯德基用的就是双童吸管。对于这两家企业，义乌的老板们有所了解。

因此你一定要深刻地知道：你要什么？你擅长什么？你放弃什么？战略的本质就是忽略。在教练技术中，有一句话："成功等于注意力减去干扰。"这个世界上，大多数人都很容易分心，因为大多数人都不知道自己要什么。所以，一个人的焦点要明确，就像太阳光透过放大镜能够聚焦光能，引起燃烧一样。

假如你在往前走的过程中，突然出现一堵墙，你会掉头走吗?

然而一个卓越的人会直接把包扔过墙，然后翻过这道墙，对于目标，我们就是这样的态度!

爱迪生在1879年宣布：今年年底，他即将公开展示电灯，虽然经历了无数次失败，并且没有找到更好的方法，但是，先宣布再说。结果在同年的最后一天，他成功了。

肯尼迪在1962年说，"我们将会把人类送上月球"。然而事实是，当时连太空船的材料都没有，不过还是，先宣布。

信念是会自我实现的预言！明确的目标和承诺是对生命的预演！

来吧，把你的背包扔过墙！

人生不是拥有，而是成为！

很多人拥有钱，却无法富裕。就像中彩票的人，在若干年后再度一贫如洗，核心就是没有“成为”！

你拥有无数知识，生活却无法幸福宁静，一件小事依然火冒三丈，这背后是没有将所学融入生命，没有成为！当你的内在世界没有恐惧和不安，完全是自然的、平和的、满足的、充沛的，这才是真正的成为！

第一节　目标的方向盘——聚焦

有一个词叫愿景，这个词有什么问题？

愿景是企业的，是组织的，和个人有什么关系？

此时，要把这个词化为另外一个词，叫“憧憬”。

憧憬是员工由心而发的，是上下同欲的。

美国NASA太空总署里，即使是一个清洁工，你问他在这里干什么？他说我要把人送上月球。

这就是“憧憬”。

人不成功有两个原因：

第一个是没有梦想，行尸走肉。

第二个是梦想太多，幻像丛生。

第一个原因我们经常讲，第二个原因却被忽略。

我有一个朋友在五年前身价过亿，这几年，拍电视剧、投房地产、卖水、卖美容品，现在却负债累累。

他就属于第二个原因，梦想太多。

你在哪一个点上可以做到最好？成为你所在城市的第一名，100万人里，才能找到一个像你这样的人。

删除99%的梦想，你才会脱颖而出！

焦点决定情绪，生命短暂，要聚集你的注意力，

你的注意力要集中在那些积极的、正面的、愉悦的事上，搁置那些无意义、无趣的事情。

掌控你的注意力，你就掌控了人生！

在开企业管理咨询班时，我最深的感慨就是企业为什么做不好，原因就是焦点太多，定位太大。

当我让他们写下自己企业的核心能力的时候，有的人写了品质、服务、价格，似乎面面俱到，其实一个点都做不透、嚼不烂。

有一家做工程的企业，立志一年营收一个亿，却只想做市政工程，但市政工程的领域太大，经过反复权衡，企业领导者终于发现他们在“给排水”方面是最强的，为什么不能将“给排水”做到城市第一名呢？只要在“给排水”方面做到第一名，公司一定可以做到这个城市企业的前三强。

有一家做乌鸡蛋的企业让人眼前一亮，该企业的鸡蛋价格是一般鸡蛋价格的四倍，大约15元一斤，品牌宣传语是“每一个乌鸡蛋，都有身份证！”但是企业的产品卖得非常火。现在这个时代，只要东西够好，够差异化，价格真不是问题。

战略，就是忽略，就是压强、聚拢、专注在超细分领域，只有做爆款，企业才能跳出来！

未来是聚焦的时代，做加法是简单的，做“减法”才是充满勇气，才是伟大的！

最近有一个朋友，从过去的企业咨询工作，变成只做连锁业的咨询，又变成只做家具连锁业的咨询，又变成只做中高端家具的咨询，结果呢？俨然成为这个领域的第一高手。

我钦佩他的决心，因为我知道放下有多难！

你要问自己，你做的产品是不是最好的？

在顾客心目中，是不是最好的？

如果没有，是不是可以更聚焦？

专精主义

和沃伦·巴菲特吃一顿慈善午餐，是投资界的热衷。最近一次，这顿午餐被拍卖出了345万美金。

究竟吃什么呢？就吃点汉堡，但为什么这么贵？因为你可以问问题。

巴菲特在午餐时说：

“要做什么？我就不教你了，你是聪明人。

我要聊一下不做什么？

第一件事就是，不做不懂的事情。”

巴菲特只投自己懂的行业，比如可乐、吉列，像互联网，他不懂，他就不投。

万达在两年前要进军互联网，便联合腾讯和百度，号称要投200亿元人民币。两年过去了，第一轮投资烧完，腾讯、百度不干了，钱也打了水漂。

企业可以做互联网，但一定是立足本业，再增加外延。

步步高集团董事长段永平也曾和巴菲特吃过午餐，是在步步高两夺央视广告“标王”后，并深受巴菲特的影响。他把巴菲特的投资哲学概括得非常简单，“你只要买一只股票，其实是买这家公司，因此前提是你必须了解它，这与投机截然不同！”下属建议其借着“标王”的热度顺便做一个广告公司，但段永平坚决不做，因为他认为自己不懂广告公司。

中国无数的老板毁于多元化。

你懂什么？你的基因是什么？你是什么领域的大师？

我很喜欢下围棋，下棋时，前半盘吃掉对方一大块，局势无比大好，可是稍有散漫，一步随手，没想到前功尽弃，竟然被翻盘。

有时候，前半盘局势很差，反而更谨慎、更专注，没想到竟然翻盘了，出现个大逆转！

做事业，必须全身心地将精神专注于一个点，才会产生巨大的推动力、穿透力，绝不容许散漫和松懈。

做事业可以优雅，可以放松，但必须专注！

李开复在创新梦工场研究，如何成为一个独角兽的公司时，总结了四点经验：

第一，创业的资源是有限的，如何能在一个细分领域做到老大，这是唯一的机会，而且这个领域必须是大公司做不了的，比如微软的Windows不可能免费，而谷歌可以。比如小米是互联网思维，这不是华为的强项。

第二，引领公司的价值观和使命。文化是公司的基因，引领员工的自豪感，文化是真切存在的，使命将会彻底塑造员工的心灵和行为。

第三，汇聚顶尖人才。顶尖人才和普通人才的差异，不是五倍十倍，而是五十倍、一百倍。一开始人才的差异，将决定结果的完全不一样。

第四，让自己变得更强大。执着、坚韧、目标远大。

创业者至少用80%的时间花在这四件事情上，聚焦、引领公司的文化，汇聚顶尖人才，让自己变得更强大！

少之美

少吃多动，日减一斤！
少欲多学，日明一理！
少梦多行，日建一功！
少酬多静，日得一暇！

战略的制定和落地

在复杂多变、不确定、不可预测的新一年里，我们要如何制定战略？

企业在制定战略时，要考虑三大要素：

第一个要素：链接共生。在不确定的模糊的未来世界，链接胜过拥有，共生胜过自力更生。链接一切可以链接的资源，协同一切可以协同的盟约，才能呈指数型增长。

第二个要素：聚焦主业。你最能创造价值的部分是什么？不要问机会在哪里，而要问你能做什么？格兰仕就是生产优质微波炉，万科就是建造好房子。未来注定是不确定的，关键是你要确定你要做什么？

第三个要素：知识赋能。一个不能将知识加入到企业战略中的团队是必将消亡的，企业一定要从企业家个体学习转化成团队学习，从越飞越高到越走越实，如何为整体团队赋能，产生集体心智的升华和变革。

链接共生、聚焦主业、知识赋能，你做到了吗？

有一次，和一位朋友交流，从谈话中得知他将一个亏损企业扭亏为盈，一年盈利4000万元，我询问其要害是什么？他总结了五个关键点：

（1）公司应基于战略订目标，而不是基于过往成绩订目标。

（2）战略的核心是“增长”！增长的原点是客户的痛点、行业的痛点！

增长有两条路：一是差异化竞争，二是低成本。比如华为、美的，都是低成本成长！

（3）牢牢把握财务的七项费用（料、工、费、管理费用、制造费用、营销费用、税）

（4）考核。去掉杂音，不考核员工改变不了的事情。比如毛利率，这不是制造部门的事情。

（5）机制。考核内容将把制造费用和制造部门挂钩，以往年的平均值为基准点，省下的制造费用，每个月拿出30%奖励给制造部门的主管团队，现在每个月能有十多万的奖金，团队的积极性空前高涨！

战略落地五步

任何战略都必须要落地，战略的落地有五个步骤：

第一步，凡是战略必有目标，必须要转化成可以量化，可以达成，可以数据化的目标，分解为部门个人的目标。如果战略是诺曼底登陆，目标就是几时何人进行登陆？如果战略是现金流，目标就是库存周转率。

第二步，凡是目标必有会议，必须要有经营分析会或者要有碰头沟通的时间，会议可以是5分钟也可以是5个小时，以结果为导向，彻底地总结成功和失败。

第三步，凡是会议必有模板，这个模板就是“数据呈现表”，各种对应的数据分析。不管是财务数据，经营数据，人才数据，通过模板，有一个立体式的数据呈现。比如说一家店，一定要有进店率，客单价，连带率，回头率，交易次数整体化的数据分析。

第四步，凡是模板必有回馈，对模板总结提炼后，上级要进行表扬、回馈、奖励。既想马儿跑，又想马儿不吃草，那怎么行。

第五步，凡是回馈必有改进，好的经验如何传承，机会如何找到，问题如何改善，一切真理都是一个圆。创业的过程就是接近真理的过程，因此改进的方案，是我们最终实现目标的原点，以此首尾相连。

练习：战略目标五步的思考

华为在全世界寻找最具效率的“战略模型”，终于发现宝洁公司的“战略五步法”非常简明实用，其五步法是：

（1）细分：聚集行业定位。

（2）愿望：明确的目标。

（3）特质：清晰自身的优势。

（4）方法：用什么能力来贯彻优势。

（5）系统：用什么体系来支撑能力。

为企业家同学做了“战略五步”的咨询，现实是，只有极少数的同学能够将五步贯通于自身企业，大多数的同学还属于模糊不清的状态。

所犯的错误是：

（1）焦点太多，又是彩妆，又是纹绣，究竟你要哪一个，没有放弃，哪有战略。

（2）目标模糊，影响力、领导品牌都非常抽象，不如第一名、市场份额来得实在。

（3）优势不突出，又是品质，又是服务，好像强一点点，好像又不太强。

（4）能力泛大众化，团队都会一点，又都不太会。

（5）没有体系支撑，而是靠人的力量。

战略决定存亡，一定要想明白，才能做明白！

人生半场——专注力

人生半场，需要你更专心、更用心，

因为你时间宝贵！

人生半场，需要你更专注、更聚焦，

因为你时间宝贵！

人生半场，需要你更专业，更效率，

因为你时间宝贵！

第二节 目标的发动机——动机

动机决定动力

为什么很多人小有所成，就会陷入安逸，无法精进，因为他的动机就是想过一点好生活，有房有车已然满足，于是深陷于物质的表象中，自然后劲乏力。

一个人的动机是兼善天下，普度众生，是为更宽阔的精神世界，那是了不得的。每每扪心自问，深感不足、不安、不美，然动力无穷。

你奋斗的动机是什么？

正确吗？

利他吗？

高远吗？

一个人只要功利，他就不快乐，无法生机盎然，无法乐在其中！

考试只是为了高分，过程就是苦役，怎能体验学习的至乐呢！

当我们意识到生活本身就是喜乐，工作本身就是奖赏时，当下生机勃发，趣味横生！

看过一部评价很高的电影——《冈仁波齐》。一部关于朝圣的电影。

电影中没有刺激的情节，只有平实和朴素的信念！

在泥泞中，在河流中，在雪崩中，2000多千米的徒步，一年多的风霜雨雪。

磕头，磕头长见识。

我曾经走过戈壁，我知道那种内心的绝望和无奈。我真无法想象一边磕头一边徒步，需要怎样强大的理想……

每个人，都活在他自己的精神世界之中！

每个人，都拥有他内心的王国！

我曾徒步在戈壁的玄奘之路，日行三十里，茫茫大漠，一望无际，苍凉至斯，令人绝望，三天力行，身心近乎崩溃，夜宿帐篷，心绪万千，无法想象玄奘大师是怎样孤身一人穿越这残酷的绝境之路。

我曾于郑州做咨询，听说千古完人玄奘法师的故里就在附近，突然一时精神抖擞，车行一小时，来到了朝圣之地：偃师市的玄奘故居，精神的力量是如此恒久。

玄奘法师本姓陈，自小出家，了了分明。

故居的正门前有两块石碑，左边是玄奘之家，右边是玄奘之路。

我抚摸着玄奘之路的石碑，其温热如炙，似乎诉说着法师激荡而赤诚的人生！

法师去西域取经，历时九载，九死一生，抵达那烂陀，修学十一个春秋，终明道顿悟！

玄奘法师促成了中印文化的交流，毕其一生，翻译了1300万字，是古往今来最伟大的翻译家之一。

信念可动天地！此心可感天地！

法师西行前立愿："宁可向西半步而死，不愿向东半步而生！"

"生意"——生命的意义

一个领袖要能够升华所从事行业的意义，将这个行业注入灵魂！

你是做软件业的，要强调科技的力量改变人类；

你是做涂料行业的，要强调世界缤纷之美；

你是做教育行业的，要强调法布施为无上布施；

当一个人的心灵开始柔软、开始热爱，才能有真正的归宿和臣服！

CEO首先要成为"首席解释官"，员工将全部精力乃至人生命运，全部交付公司，因此企业必须让员工明白，我们要实现一个什么样的目标？这个事对他人的意义、对自己的价值！

那么，如何让员工找到归属感和意义感呢？

体力劳动者以物件产出来量化绩效，知识劳动者的产出如何衡量呢？

知识管理者的本质是自我引导，工作的刺激在于工作本身，然而人不是物品，他有情感。如何为企业中的个体提供名分、身份，关乎社会稳定。

人应该拥有自己的梦想、意义、价值。

人更应花一些时间，想想自己的家人！想想自己的员工！想想自己的社区！

想一想自己的朋友！上半夜想自己，下半夜想他人！

以他人心为己心！

为富一定不仁吗？是不是君子不能爱财？答案是否定的。

金钱具有强大而美好的力量，需要我们正视、审视、珍视！

钱财从来没有错，错的是人、是人心！权力、利益、金银当然很好，但内心的人格、良知应该更好、更美！

拥用一颗光明的心的人，要义无反顾地付出和奋斗，责无旁贷地拥有财富，实现幸福、自由、爱。

在读杨利伟的太空日记时，我曾热泪盈眶。在浩瀚的太空中，充满了煎熬、孤独、惊奇。不仅如此，宇航员在出发时，更要随时做好献出生命的准备……杨利伟在乘火箭升空的时候，火箭推进器剥落导致其发出巨大的爆炸声音。由于没有人事先告知杨利伟，导致他以为自己命在顷刻，瞬间，他产生了巨大的紧张情绪，所有地面工作人员根据监控都知道杨利伟非常地紧张。那一瞬间，他的心跳只是从56下跳到了58下，多跳了两下而已，这就是了无私欲，身心合一的奇迹。

在读曼德拉的传记时，我对其心悦诚服。曼德拉说："我反对白人的统治，也反对黑人的统治，我希望建立一个自由、平等的社会，如果有必要，我愿意为之献出我的生命。”在漫长的27年的牢狱生涯中，他依然没有放弃他的信念。1990年出狱时，他已经72岁了。

你会愿意为了你的事业，献出你的生命吗？

我们这里谈的并不是生命，而是你对事业的虔诚态度！

Facebook的创始人扎克伯格最近在哈佛大学的演讲中说：

“重要的不是你的目标，重要的是你要拥有一个心系他人的目标！

我相信，在我们这一代人的手中，贫穷和疾病有可能会永久地消逝！”

目标的意义

因为目标，平凡的石头成为神圣的雕像。

因为目标，弱小的水滴汇成浩瀚的大海。

羚羊在拼命地奔跑，是对生命的“渴望”！

狮子在拼命地追逐，是对生命的“信心”！

世界上的人，大多在随波逐流。

只有认真的人，才会将目标“写下来”，从此，宇宙中铭刻了印记。

只有理性的人，才会审视现实，从此，时空中恒定了地基。

飞驰的列车，源于澎湃的“动力”！

昂贵的机票，标着“截止的日期”。

人生宛如越野长跑，需要“突破障碍”。

人生宛如拳击竞技，需要不断“训练”。

再强大的英雄，需要“团队支持”。

再美好的目标，需要“每一步的计划”。

你构想你所能达到的境界，想象力如此丰盛！

你执着于你心中的梦想，

意志力如此强大！你永不放弃！

第三节 目标的灯塔——大愿

大愿

在你的心中，要去刻画一个未来属于自我的景象。

你真正的愿景是什么?

当你的愿景越来越清晰的时候，你的潜意识就会雕琢自己……

你就会意识到差距，比如说你预想做一场千人演讲，这时你已经发现你内在的恐惧、担忧，此时，就是一个非凡的升华。

你预想你的合作团队有百人、千人、万人的时候，你应具有怎样的修为、内心、能力?

我曾与燕杰恩师共进晚餐，言谈甚欢。

恩师在读大学时，为编写《中国诗歌史》，坐言起行，前去拜访郭沫若先生，没想到一见如故，竟然交流了七个半小时。

恩师心怀大愿，创办了中国第一所私立大学，经历了千难万险，最终梦想成真。

唯大愿，方可大勇！唯大行，方可大成！

本质上，拥有未来的唯一方法，是“创造未来”！为你的未来激动不已，胜过一切奖励。

一日，我与同事共聚议学，分外喜悦！虽雾霾弥漫，然内心灵明，通澈剔透！

人生苦短，唯切实用功，知行合一，致良知，破私欲。

立乎其大，做圣人，大家切莫客气………

生命就像一条河流，有长度、宽度、深度。

那么，你生命的长度、宽度、深度……

要如何构建？

心的愿力

新年，新的希望。

最大的希望不是外在，

而是内在！

不是富贵，而是通透！

我们的内在坚定强大，心境晶莹和美！

我深知我生命一切的邂逅，都是让我充满爱！

我深知人生一切的修炼，都是让我充满智慧！

我深知事业一切的挑战，都是让我充满力量！

我渴望我的思想更具哲学；

我渴望我的心灵更加丰盛；

我渴望我的身体更富活力！

正确的希望，

如同正确的人生！

因为人生，就是愿力！

祝福你希望如花，缤纷绽放！

人在合伙做事时，会非常关注自己的股份比例，忘记根本。

《大学》说“物有本末、事有终始。”

根本是什么？

“大愿！大道！”

大愿：我们如何造福天下苍生？

大道：我们是否信奉天道人道？

如果这件事情不能改变世界，如果我们没有共同的价值体系，只是乌合之众，所做一切皆是云烟！

心怀大愿大义，恪守良知大道，方可源远流长……

方法——目标如何定

OKR评价法

1999年，英特尔的首席执行官安迪·格鲁夫发明了OKR评价法，也就是“目标和关键成果”的评价法（Objectives and Key Results）。OKR迅速被硅谷很多卓越的企业所运用，尤为著称的是在谷歌、领英等高科技公司逐渐流传开来。

格鲁夫指出OKR回答了两个最基本的问题，“我要去哪里？我如何知道我正在往哪里去？”传统的KPI是自上而下决定的，而OKR是自下而上决定的。OKR更加强调的是专注度、简便性、缩短反馈的周期和开放性。

目标就是梦想，关键成果就是成功的标准，目标是定性的，关键成果是定量的。一个项目一般有三四个目标和四个关键成果是最理想的。

如目标销量增加25%，而关键成果就是形成两个战略合作伙伴。

“明确的和快速的反馈”是驱动行为变化，是其最终产生影响至关重要的两点。

OKR的制定须能够支持企业战略规划，在制定OKR的过程中，亦需注意以下几点：

（1）目标设定要有野心，超出一点能力范围最好；

（2）目标一般不要超过5个，每个目标对应的Key Results不超过4个；

（3）Key Results要有截止时间，并且可以量化；

（4）公司范围内争取做到60%以上的目标是自下而上提出的；

（5）所有敲定的目标应该是员工和管理层共同接受的。

目标评估的六大规则

PDCA的核心是评估，如何评估呢？

规则一：基于目标来评估，评估不是目的，目标才是目的。永远要明确我们的目的地在哪里，以及我们为什么开始，我们是否抓住了工作的本质？

规则二：缩小未知，评估的标准只是你想要知道的替代品，不用直接得出结论，而是试着减少未知的大小，对盲区深度的理解，才是评估的目的。

规则三：寻找改进方案，不要总是评估那些很美好的事情，而是聚焦于那些存在的问题、难点、压力上，要聚焦于那些能够让你更好的事情上。

规则四：系统，评估不是某一个点而是一个系统，需要对整个系统来进行评估。

规则五：不要相信任何表面的数字，对于任何报告上的数字，要保持一种积极而怀疑的态度。

规则六：让每个人对自己的目标负责，重要的不是公司的目标，而是每个人的目标。每个人自下而上的目标，才会产生真正的动力。

回顾这一章，汇总出一个目标三力模型（如下图4-1所示），动机如火，聚焦是心，方法是手。聚焦是定力，动机是愿力，方法是能力。三力合一，力拔千钧。

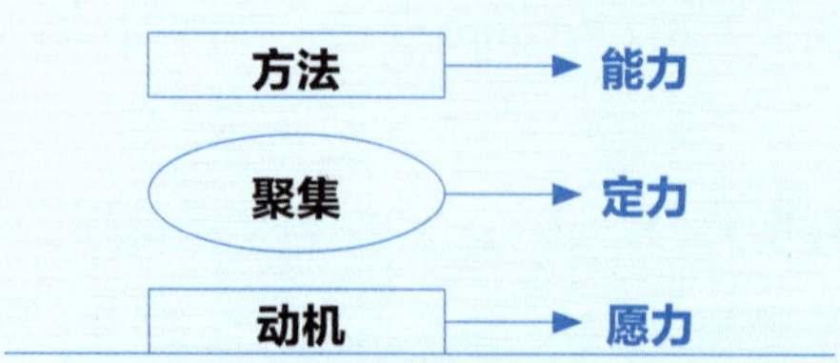

图4-1　目标三力图示

目标自评表

1. 当下，我的工作目标是什么？

思考 ________________

2. 当下，我的健康活力的目标是什么？

思考 ________________

3. 当下，我的学习目标是什么？

思考 ________________

4. 当下，我的目标是否是量化的、具体的、明确的？

是□ 否□ 思考 ________________

5. 当下，我的目标是否可以达成？

是□ 否□ 思考 ________________

6. 当下，我的目标是否可以评估？

是□ 否□ 思考 ________________

7. 当下，我是否知道我的目标达成了与否？

是□ 否□ 思考 ________________

8. 当下，我的目标是否有时间的节点？是否有速度导向？

是□ 否□ 思考 ________________

9. 我的团队是否知道我的目标？是否做了充分贯彻？

是□ 否□ 思考 ________________

10. 当我想到我的目标，我是否感到激动和充满能量？

是□ 否□ 思考 ________________

第五章

智力

思想如水

当一个企业的领导人的思考停止了，整个企业的状态会立刻凝固，企业的呼吸会立刻停顿！软银集团创始人孙正义说，“要思考到大脑开裂为止”。京瓷创始人稻盛和夫说，“要思考到看见问题的结果，而且是彩色的。”

为什么在新经济的浪潮中，许多人在商海中沉沦！

财富只是表象，本质比的是思想！**思想的逻辑叫哲学，无所不明！思想的强度叫信仰，无坚不摧！思想的高度叫理念，高屋建瓴！思想的核心叫纲领，直指要津！企业是一个生命体！哲学看似无用，实则大用。**

政治需要哲学，商业需要哲学，武术需要哲学，艺术需要哲学。天下万物，皆存于道中，道即是哲学，哲学使我们明辨，哲学使我们深思。

如果说，动物一生下来就已经成为了动物，而人并不是一生下来就成为了人。人的一生是经过不断探索、精进、完善，臻修实证的一生。我们需要用一生来明白，我们此生所为何来。我们需要用一生来明白，我们的生命如何去书写。哲学使我们明白，“人”永远处于未完成时。

因此，哲学的意义是让我们深思，反省，升华，蜕变，遇见更美的自己。我们要明白，我们的心灵蕴含着无穷无尽的宝藏，我们的心灵蕴含着无穷无尽的喜悦和丰盛，吾道自足，吾心自求。

要想组织充满活力，领导人必须思如泉涌，生生不息！

做企业，就是一个寻求真理的过程。一个追求科学的过程，一个渐悟顿悟的过程，

什么是科学？

科学就是规律，就是放之四海而皆准。

人的正常体温是37℃左右，超过了就是发烧，人的血压、血脂、血糖的指数……都有标准。企业也是如此，选人用人留人都有科学规律，不能恣意妄行。做企业就是掌握规律，并运用规律的过程。

为什么德国造的产品品质这么好？因为德国人说“生活是具体的”。

中国的瓷器非常好，可是一直没有详细的记录，在一千年中，名瓷一直处于发明，失传，再发明的状态。然而，德国人伯特格尔将其30000次实验记录下来，今天瓷器制作易如反掌。

做事，有方法吗？方法绘制成表格了吗？表格蕴含细节吗？

处事时，思想如泉，聚焦，才能力透纸背！

临睡时，思想如海，清空，才能海阔天空！

学习时，思想如河，联系，才能奔腾万里！

能定、能空、能变……

从深度思考到逆向思维，到发散思维和头脑风暴，到最后融会贯通，你可以打造出你思想的高峰，思想高峰就是你人生的高峰。只有突破认知，才能够创造无限的世界。

第一节　深度思考

我在书架上寻觅许久，找到了一本好书，《假如世界给我三天光明》

19世纪出现了两个伟大的人物：一个是拿破仑；一个是海伦·凯勒。

海伦·凯勒最美的著作正是此书："有一位好友从森林里散步回来，问他都看到了些什么，他回答说没有看到什么特别的东西，我不疑惑，因为我早就知道，眼睛是看不见什么特别的东西！"

张开你心灵的眼睛！

在诺贝尔得奖之中，很多得奖者是靠逻辑推理，而非发明创造，可见"理性"是多么稀罕和珍贵。无论是商业，还是生活，不要盲从于任何专家，运用你自由之意志，独立之理性，皆可发现规律，开创先河！

天文学家通过逻辑和数学的推理，发现了黑洞、发现了冥王星；

爱因斯坦通过逻辑推理，发现了激光，而激光在大自然中是不存在的。

康德的一生足不出户，却通过逻辑的推理，写出了著名的哲学名著《批判三部曲》。

文科和理科是不能分家的，一个文科生，可以感时花溅泪，恨别鸟惊心，也可以感受数学之美！

让我们都学点逻辑，创造出更多的理性。

学习的本质是深度思考的过程。在我们的合伙方案班中，我们会要求每个人带电脑，现场完成自己的作业，自我反省，自我认知，自我升级。

我们都喜欢学习，殊不知思考才能让我们拥有更大的力量。

学习是固有的思维，而思考是把所学的知识融会贯通。

成吉思汗在每一次大军出征之前，要去圣山沉思祈祷三天，什么事情都不做，就是静思祈祷。

我们习惯了忙碌，却忽略了效率和要点。思考，才能抓住要害；思考，才能抓住差异；思考，才能抓住根本；思考，才能破局。

思考要运用的工具是思维导图、是笔记本、是问句。正确的问句就有正确的答案，只有全身心地思考，你才会看见许许多多无法看见的事情。你才会发现，努力并不是身体和行为上的努力，而是大脑和思想上的努力！

深度思考的三大策略

深度思考的三大策略有以下三种：

第一个是双峰法，即给自己单独的时间进行深度的思考。国学大师胡适有一个自己的书房，他每天晚上都会待在书房里。曾国藩晚上从来不去应酬，在外部时间之外，给自己独立的内部时间，称之为双峰法。

《哈利·波特》的作者J.K罗琳，有一段时间写不出任何作品，她给自己租了一个3000美金一晚的豪华酒店，把自己关起来，让自己深度思考，产生源源不断的有关魔法学校的创意。

当一个人专注沉思，才可以成为出鞘之剑，划亮长空。

下围棋，一小时内的比赛称为快棋，三小时内的比赛是慢棋，显然慢棋的质量要高很多，因为时间用完了，就要读秒，显然，考虑时间越长，招法越成熟！

我们本应对我们的人生有更充分的思考，然而，大多数人都草草了事，缺乏审视、深入、探询。你也可以寻找专业人士进行交流，探询如何更好地开展你的工作？要如何经营你的家庭、健康、心灵？然而当你专注于正向思考，你就会越明晰，越透彻，走出神之一手！

第二个是记者法，当你灵光乍现的时候，一定要把它记录下来，因为它可能是一个品牌的定位，它可能是一部畅销书的名字，可能是一个绝佳的营销创意。村上春树每天要给自己写1000多字，随时记录，这就是记者法。

第三个是节奏法，比如在固定的时间跑步，在固定的时间写作，思考。保持生活的作息规律，称之为节奏法。

我们必须要持续地深度思考，深度思考必须要有闭关修炼的时间，著名的心理学家荣格有一个自己的小阁楼，在这个小阁楼里，他完成了许多传世巨作。比尔·盖茨，每年有一周think week（思考周），什么事情都不做。

现代人的生活被手机所淹没，时间严重的碎片化，学习的时间尚且紧张，更何况是深度思考的时间。在未来，深度思考会成为稀缺的生产力，因为一般的知识容易获得，但只有经过深度思考，才能够产生意想不到的生产力。所以，每个人要找到自己的世界，让自己独立思考，与天地对接，与古圣先贤链接，穿越时空，才是生命中的大美。

万法唯识

“万法唯识”中的“识”就是见地，就是心田，就是观念。宇宙中的一切，看似是物质，实则是思想，皆来源于我们自己的认知！

见地略有不同，人生千姿百态！

你的思想在什么境界，你的情绪就在什么状态！你的认知在什么高度，你的事业就在什么层级！

古往今来，人类最大的渴望是“长生”。

然而，一个人怎样才算是活着？是身体活着、长生不老吗？

曾经有一个少数民族，他们将寿命视作记忆，只要有一个人还记着你，你曾经的爱、真理依然照耀着他，就代表你活着。显然，孟子、庄子、王阳明依然鲜活，但有些人似乎活着，却已消失。

真正的长生是思想的影响、思想的长生……

识为心门，识为法门，观念一改，福慧自来！观念一新，点石成金！

从地心说到日心说，从万有引力到相对论，人类科学不断突破想象……

在管理学方面，从泰勒到德鲁克，从学习型组织到教导型组织，从核心竞争力到蓝海战略，管理科学在不断跨越……

互联网时代，我们从职能型组织到生态型组织，从长尾战略到爆款，从精益创业到颠覆式创新……

你能学到的是知识，界限外的是“见识”。应时而动，因势而变，是为“见识”。

不拘于知识，以见识行事，方成正果！

未来，将从未被共享过的东西进行共享，或者以一种新的方式来共享，是事物增值最可靠的方式。未来30年，最大的财富会出现在这一领域。资源可共享——如打车、租房、闲置物品等；收益可共享——如合伙人、众筹等；思想可共享——如自媒体等。我们最缺的，不是知识，而是“思辨”。

什么是思辨？

八个字：具体问题，具体研究。

能在百变的情境中，做对“选择题”，是为思辨，是为成熟。

为什么过去我们从屈臣氏、肯德基、沃尔玛挖来的人，在自己的企业却没有发挥出其应有的价值！明明他非常懂排班系统，但就是无法把排班系统推行下去。

究其本质是什么？

仅仅懂是不够的，必须要深刻理解，必须有灌注和落实的经验，方可施行。

看一个人是否有效率？

要看是他“造就”了这个体系，还是这个“体系”造就了他？

即使是华为、腾讯出来的人，你也要如此观察，不要被其耀眼的光环所迷惑。

你需要的是一个造就体系的人，而不是一个执行层的人。

你需要一个深度思考，一个有知识还有见识的人，一个真正让事情发生的人，真正让局面改变的人！

思考的花园——静定

《道德经》说：“不欲以静，天下将自定！”

欲望一放下，就进入静的状态。天下本无事，庸人自扰之。

天人合一，回归本来，无为无不为！人生没有比“静坐”更重要的事！

一个人能真实、安静地和自己在一起一分钟，已是高手！人生只有一件事，“修炼心性”！得失荣辱，皆付笑谈！这个世界上，99%的人处于身心分离、言行割裂的状态！

除非你有一颗纯粹的心灵，否则没有一切智慧。那么一切行动都没有力量，一切行动都是徒劳！

只有一颗全然、安宁、喜悦的心，才可以进入、投入、融入！

无论是生活、工作、家庭，都需要一颗纯洁的心灵！

是的，你的心那么纯！我们会强调简单，我们又强调学习，那何时要简单，何事要学习?

答案：人格，越简单越好。像阿甘一样，纯净如水，安心大美。能力，越强越好。像体操运动员一样，动作繁复，游刃有余。

人生只有你的感受，只有你的强大，其余皆是虚幻！王阳明说：“吾辈今日用功，只是要为善之心真切。此心真切，见善即迁，有过即改，方是真切工夫。如此则人欲日消，天理日明。若只管求光景，说效验，却是助长外驰病痛，不是工夫。”

清晨，站在阳台上，翠绿的树木如此安详，天地如此静美，如此悠然。

我们能不能放下内心的对话，觉察那一份临在、安宁、纯真！

当你明白旅途即是终点，当下即是永恒，你会融入情景之中，你会爱上这一刻，这一瞬，完全地临在！

“至人无梦！”心经上曰：“远离颠倒梦想！”佛陀云：“如实如是！”

有梦不凡，无梦不易。一个人能深深地活在此时此刻，没有妄念，没有我执，心平气和，心旷神怡。真是一种境界，一种丰美。

这世间一切自然的声音，鸟语蝉鸣，都是如此美。唯独人声沸沸扬扬，让你按耐不住。

贝多芬失聪，却成为了最伟大的音乐家。

你听见了，却让你心烦意乱。

听见是能力，听不见是智慧！六祖慧能不认识字，却听到了金刚经的一句话而开悟。“应无所住而生其心！”

慧能提倡“顿悟”，“凡夫即佛，烦恼即菩提；前念迷即凡夫，后念悟即佛；前念着境即烦恼，后念离境即菩提。”

有位弟子参拜慧能，寻求解脱之道，慧能问他，“请问有人绑住你吗？”

如果没有人绑你，你为什么要解脱呢？

弟子瞬间开悟！

神衡量我们的，不是我们的财富，而是我们帮助和影响过的人们！

我们所是，胜过我们所做！

摆在面前的又如何，过去的又如何，放下眼前微不足道的小事，好好地设想一下你浩瀚、壮阔、丰盛的生命！

你的流光溢彩

我知道你一直心怀梦想，
我与你相逢在课堂，
无阻于夏日的阳光，
不困于昨日的彷徨。

每一个坚定的目光
都曾有着淡淡的忧伤，
可是你足够坚强，
因你的心中盛满着希望！
谁人知晓你的孤单，
谁人读懂你的心酸！
你愿在真理之路中激荡，
将胸襟拓宽！
将心儿舒展！
古往今来，心醉的时候最舒畅，
天地之间，花开的时候最溢香！
我看见你，属于你的人生
如此的流光溢彩！极致的华美乐章！

深度思考自评表

1. 你是否愿意接受新的想法？

是□ 否□ 思考________

2. 你是否在持续地阅读接受新知？

是□ 否□ 思考________

3. 你是否订阅知识付费音频或者视频学习？

是□ 否□ 思考________

4. 你是否能做到每周读一本新书？

是□ 否□ 思考________

5. 你是否能够建立一个你的智囊团，并且进行发散性的深度讨论？

是□ 否□ 思考________

6. 你是否拥有深度思考的时间？无论是周或者是月。

是□ 否□ 思考________

7. 你是否将深度思考转化为一种特定的仪式，拥有特定的时间和特定的方式？

是□ 否□ 思考________

8. 你在深度思考的时候，是否使用了一些思维工具，比如思维导图？

是□ 否□ 思考________

9. 你是否将思考作为你生命中的一个重要的部分来进行安排？

是□ 否□ 思考________

10. 你在思考的时候，是否内心非常安静，非常沉浸？

是□ 否□ 思考________

11. 在你的工作中，你是否感受到你的深度思考对你的工作产生了极大的推动性和张力？

是□ 否□ 思考________

第二节　逆向思维——拆掉思维的墙

我们的思维不是我们最大的朋友，却常常会成为我们最大的敌人。在思维的角度上，一定要有多元化的角度。不一样的角度，就会有不一样的看法，不一样的认知，决定了不一样的情绪。

一个中国人说："离了三次婚，太痛苦了！"一个美国人说："结了三次婚，太幸福了！"一切幸与不幸，皆是自己的诠释！

A是事情、B是观念、C是情绪。

A经过B过滤，决定了C。不是A决定了C，而是B决定了C。

世界上有无数的A，更有无数的B，决定了无数的C。

不同的思维，会产生不同的情绪。

中国人都不太喜欢四，甚至对四，有很大的忌讳，可是你知不知道，华为的总裁任正非是1944出生，你知不知道宏基集团的施振荣董事长，也是1944年出生。

事情没有任何定义，除非你下了定义！

我们的大脑，要和其成为最好的"朋友"，而不是自我禁锢的"敌人"。

在获得金牌、银牌和铜牌奥运选手的幸福程度上，心理学家做了分析，发现得铜牌的人比得银牌的更快乐，为什么呢？因为银牌得主，离金牌只有咫尺之遥。他很懊悔，懊恼自己没有能够拿到金牌。而铜牌的人呢，差一点就上不了领奖台，能得到铜牌，他已经很开心，很兴奋，很满足。

这一点，从他们站在台上的那一瞬间的表情足以判断出来。当然，如果这个铜牌得主事先的期许就是金牌，那么他也不会快乐。

另外一个有趣的发现是，如果一个人得了第11名，他没有第12名快乐。因为第11名差一点就能挤进前10名。由此可见，我们的信念，我们的价值观，我们对于生命的解读，决定了我们的情绪，决定了我们的感受，决定了我们的认知。

铜牌更快乐，知足更幸福！

蓝海战略：打破认知路径

每个人都活在自己的世界当中，你开车走过上千遍的路，有一天你徒步时，突然会发现一棵从未见过的参天大树。有一天，我陪孩子去散步时，他竟然发现了一棵银杏树，是我从未观察到的。

心理学有一个词语，叫做“视觉窄化”！

一个人看问题的角度，就是他人生的全部，我们所思，即我们所想。

一个乞丐，每天只会关注比他要钱多的乞丐；一个出租车驾驶员，只会关注比他能跑长途的驾驶员。

在《甄嬛传》中，有一个妃子，每天都在问，“皇帝今晚去哪个寝宫？”这就是视觉窄化。

一个企业家总是想着怎么把企业做好？却忘记了星光、夕阳、艺术和运动；忘记了正念正心，动静相宜。这也是视觉窄化。

两千年前，所罗门国王说，“每个人都生活在他所思、所想、所感的世界里面”。

通常，创业者会活在六条常规边界里，这六条常规边界是：我们的产业，行业领先者，买方群体，产品或者服务的范围，产品或者服务的本质以及时间周期。

事实上，我们完全可以有不一样的路径。

其中一个路径就是跨越他择性产业。他择性产业的意思是，绝不是从自身的产业来考虑。

红海中的视角是讲关注产业中的对手，而蓝海的视角是跨越他择性产业。

长途大巴公司只关注其他的大巴车生意好不好，但是顾客已经去坐高铁了。奶茶店只想着和其他的奶茶店去竞争，但是顾客已经去喝咖啡了。如果你只想着去打败现有产业中的对手，就会在红海中越陷越深。

银行的竞争对手已不再是银行，而是支付宝。移动公司想要打败联通公司，可是竞争对手已变成了微信。

你要去研究和你行业相关的多个他择性产业，并找到最大数量的潜在的新买方。

蓝海思考和行动的步骤有如下几点：

（1）界定买方需要你解决哪些主要问题。

比如，顾客来听课，是希望找到合伙的策略和方法。

（2）可以采取角色扮演的方式问自己，如果是买方，在决定选择我们这个产业之前，他还会考虑其他哪些产业？

比如，其实顾客线上学习，或者做咨询、或者通过软件，也能够解决这个问题。

（3）将你的关键见解记录下来，深度思考你的新逻辑。

……

优秀的人会审视，会具备批判性思维。然而批判性思维的低境界是利己，只站在自己的角度来思考。

批判性思维的最高境界就是保持公允，一贯的公平，公正，甚至不站在自己的家庭，自己的国家，而是站在全人类的角度来思考，这才是一贯的公平和公正。

批判性思维的四大认知：

第一个是认知谦逊。永远对生命保持好奇，知道自己还有不知道的事情，保持对生命的觉察，接受新鲜的知识体系。

第二个是认知勇气。敢于指出对错，敢于承认自己有认知不足的地方，这就是认知勇气。

第三个是认知坚毅。不懂的事情坚决弄懂，而不是保持一种惰性，对什么事情都无所谓。当我们坚定不移地把它搞懂的时候，事情会浮现出本质。

第四个是认知理性。理性就是做事情有逻辑，有独立思考，有推理链条，而不是凭直觉凭感觉。

觉察我们自己的认知，我们是否达到了这四个层面！

为大脑编一个新程序

人的大脑思绪变化纷繁，徒生愁绪，我们该如何定慧？

全球第一位用人工小船漂流大海的英雄林白，在三个月漫漫大海的考验中，他几度精神崩溃，然而幸亏船上刻着字，朗诵是让其神智正常的唯一法门。

法门：自我对话！

用正面积极的语言，即“软件”重组大脑！

每天清晨，请大声诵读：

“生命中每一天，我都在进步；我喜欢我自己；一切尽在把握……”

渐渐地，内心如甘泉，信心如雷霆！世界上最宽阔的，且未被耕耘的区域，就是人的大脑。

这个世界上最大的“房地产”是在我们的两耳之间：大脑。它指挥着我们一切的行动和情绪，是最需要被开垦和浇灌的。

当你的内心澄澈的时候，你会发现，担忧会像肥皂泡一样，幻灭。

当你的大脑聪慧敏锐的时候，你会感觉，智慧像急流一样，奔腾。

当你的思路和心灵合一的时候，你的行动会像日出日落一样，自然而纯粹！

影响大脑的一个重要策略，就是我们所使用的“词语”。每个词语都是一个按键，都是一个指令，都会影响我们大脑的状态。

现在请输入三个神奇的词：

谢谢你！祝福你！我爱你！

大哲学家罗素做了一个实验，让20个人同时看一把椅子，每个人看到的形象是完全不一样的，尽管椅子是一个独立的事实，但人们的感受却惊人的不同。

我们对椅子的感知，远远大于椅子这个实体本身的意义。

我们的观察视角总是限制着我们的认知能力！

有的人早上一起床就气呼呼的；有的人早晨一起床会觉得天空是玫瑰色的；有的人早晨一起床就开始抱怨雾霾，有的人……

那么我们要如何看待工作？我们要如何看待家庭？

你会如何看待你正在经历的一切？

简而言之，重构事实的力量就掌握在你自己的手中……

圣彼得堡要塞是圣彼得堡最早的建筑，也是城市中最高的建筑，高120米，但它为什么要建于此？

原来，要塞位于大涅瓦河与小涅瓦河的分流处，是这个城市水运的唯一入口，是要害吗？绝对的要津，易守难攻。你做事业切中要害了吗？

你沟通切中要害了吗，滔滔不绝有用吗？你激励员工切中要害了吗，加工资有用吗？

对话百岁老人

心理学中有一个策略，叫“空椅子”。

想象你的生命得到绵延，已成为一位百岁的智慧老人，他就坐在你的面前，他会给你什么样的忠告呢？

有一天晚上，我和我的“百岁老人”做了触碰心灵的对话，这是他的嘱托：

（1）纯净纯粹的生活，绝不跨出一步！（饮食、生活、恶念）

（2）正念于心，和当下在一起！

（3）大胆去做，放手去做，凭良知去做！

（4）锁定你的目标，放大你的优势！

（5）品格大于你的态度，放下私欲，造福众生！

（6）建1000所图书馆，或者是多媒体的教室，用知识来造福！

（7）正面看待压力。

（8）建立卓越的思想体系。

（9）每周要有一天的家庭日，陪伴自己的孩子和爱人。

（10）不动心，不为所惑，不为所怒！

你的百岁老人会告诫你什么呢?

思想的奇迹

每个人都守着一扇自内而外打开的门。
我是我自己最好的教练。
每个人都拥有快乐和痛苦的伟大力量。
我是我自己最好的导师！
每当我需要弄清一件事的价值和意义时，
我将用神经链将它调整为快乐，势如破竹。
每当我想改掉一个坏习惯的时候，
我将用神经链把它调整为痛苦，瞬间远离。
世界上没有我不喜欢的人，
只有不开心的画面，
只要我调整内心的图像，
我将春风拂面！

世界上没有不行的人，
只是不了解自己的优势，
只要我持续投入于六大主题优势，
不断地扩张和延伸，
我将如有神助！
人生如四季，工作如度假，学习如盛宴！
当依依惜别，我们彼此相拥，温情和暖流弥漫，
相约慈溪，相约以色列……
如果明天早上，
你的生命出现了一个奇迹，
是的，奇迹，
那会是什么？

逆向思维自评表

1. 你是否从知识升华到见识，从见识升华到智慧？

是□ 否□ 思考

2. 你是否具有独立的思维，逆向的思维，不一样的认知？

是□ 否□ 思考

3. 你在什么事情上的观点，和别人完全不一样？

思考

4. 你是否能从第三者的角度，从观众的角度来思考你的处境，你的破局之策是什么？

是□ 否□ 思考

5. 你看问题，能够抓住事情的本质和要害吗？

是□ 否□ 思考

6. 你在工作中时常有创造性的思维吗？有很多奇思妙想吗？

是□ 否□ 思考

7. 你能够将你的奇思妙想运用在你的工作中，并且产生实际的成效吗？

是□ 否□ 思考

8. 你对未来的生命充满成长和好奇吗？

是□ 否□ 思考

9. 你对当下时势所产生的一些新知、新生事物，比如短视频，愿意不断地去学习和成长吗？

是□ 否□ 思考

10. 你是否形成一个闭环式的思维体系？

是□ 否□ 思考

第三节　思想的发散——奇思点子

世界如此之美，当下如此之新，不妨让你的大脑处于好奇状态，永葆生长、蓬勃、鲜活！

任何事情都是相通的，殊途同归。比如李宁、邓亚萍，能通过体育运动发现自我，圆融人际，通悉世事，通晓人生……

凡能举一反三，触类旁通者，皆是专才。见微知著，一叶知秋，方为大才！

当我们在讲课的时候，可以让每一个学员拿一张A4白纸，先对折，再在六分之一处对折，

做成一张小台卡，上面用白板笔写上自己的姓名，置放在桌上，如此，学习将变得有趣、灵动、活泼……

一张纸点亮课堂，每一个人的名字是最美的呼唤；每一个人都期待成为主角。一张纸，妙用无穷……

实用思维

大多数人都是平凡的，喜欢议论他人的错误和不足，甚至以此为乐，以致一生沉沦！

事情没有好坏之分，当你说一个人一件事时，就谈论此间，有什么可以“为你所用”。当你看见一棵树，没有好与坏的问题，只有“如何为你所用”的问题，这棵树很大，适合做船。

这棵树很小，适合做家具。

这棵树很美，适合做园林、盆景……

天下万物，皆备于你！

天下万事，皆是如此！

世界上有两种东西：

一种有用；一种无用。

何为无用?

比如爱、诗歌、友谊、音乐、哲学……

庄子云："人皆知有用之用，而莫知无用之用也！无用之用，方为大用！"

有用的东西呢，让你生存！

无用的东西呢，让你幸福！

无数温暖、无数喜悦，会心微笑，别样酣畅，正是从无用中，全然生发，永无止歇！

一个初创公司不是一个技术公司，而是一部学习机器！

真理一定是存在的，但是一切真相都是弯曲的、蜿蜒的、模糊的！曲折接近真相。

霍夫曼是全球著名的投资人，福布斯杂志排名第一的创业孵化器创始人，他如何来看待创业这件事情呢?

他认为：创业公司不能太有钱，你过于有钱的时候，可能会进入到错误的方向。真正的增长不是用资金买来的增长，而是消费者喜爱的增长，比如微信不是靠腾迅QQ的流量，而是消费者狂热的分享。

人们往往高估了技术的力量，却忽略了人性的力量。技术没有你想象中的那么重要，许多发明家，包括特斯拉电动车的发明人，以为技术可以改变命运，却一生贫穷。只有创意变成商业，形成新的业务和改变社会的问题，才能够真正地成长和突破。

麦肯锡说："要有一个性感的创意，才能有一个非凡的成果！"

当你做一个自己的产品，一定要思考人性的切入点，如何创造"引爆点"！

一天，有一个90后朋友来看我，他自己做的微信公众号的关注度已经过万人，这让我非常惊诧。

总结了一下，他的微信公众号成功有两个关键点：

第一，微信公众号，不宜以公司或个人的名义来发，这样别人会有抵触心，不利传播，而是需要更高远的立场。比如你是销售粮油的，你最好做一个美食的公众号，融商业于无形。

第二，强调品牌口号，即宣传语。那么，公众号也要有一个宣传语，画龙点睛，比如“关注我三个月，等于读了一个MBA”。

真是厉害，向年轻人学习！

成长和好奇

我对生命最大的恐惧，不是失去财富，而是失去了好奇。

因为失去了好奇，就失去了一切。当你看到一个孩子，他眼中的一切都是崭新的，即使是路边的水坑，都让他欢快地大笑，而我们许多人穿着一身的名牌，却活在忧郁症之中。

孩子的思维视角，世界是有趣的；成年人的思维视角，世界是有用的！

我们变得越来越功利，随便看一眼，就知道眼前这个人对我们是有用还是没用，我们用功利的思维来判断所经历的一切，我们完全丧失了喜悦！

这世界上许多东西没有用，比如诗歌，比如音乐、油画、雕塑，然而正是这些让文明得以绵延，让我们对生命兴致勃勃、充满乐趣。

真正的幸福是一无所有，唯有好奇！

假如你有一只金鸡，每天可以生出金蛋，你会好好照顾这只金鸡吗？

你会不会要求这只鸡一天生十个蛋？

无数人只关注产出，却不关注产能。

产出是一个结果，而“产能”才是本质！

如果只关注“产出”，就会杀鸡取卵，就会急功近利！

在家庭中，我们如果只是索取，而忘记了付出，就会透支。

在事业中，我们不重视个人成长，一味求果，只会疲于奔命！

身体如此、人生如此！

那么，你的“产能”提高了吗？

美国的100美金钞票上，印着一位伟人的头像。

他是本杰明·富兰克林，象征着自由和成长的精神！

富兰克林的一生可谓传奇！

他是政治家、思想家、企业家、科学家。

后人对他的评价：

从暴君手中夺回政权，

从苍天手中迎回闪电！

他成功的关键有四大要素：

（1）技能专家

如对自己的印刷技术非常地专注、痴迷、熟悉。

（2）信誉来自勤奋

如持续地加班完成客户的订单。

（3）品格的力量

（4）成长型思维

最后一点是核心，富兰克林的一生是成长的一生，从商人成长为企业家，到政治家、科学家，对生命充满好奇心，晚年还起草了《独立宣言》，其一生波澜壮阔可见，大师绝非天生，就是求知求真，如痴如醉。

那么，什么是大师？

大师有两种：技艺的大师、人格的大师。

李小龙、迈克尔·杰克逊、吴清源，都是他们领域的技艺大师，娴熟、超越、颠覆，堪称一代宗师。

孔孟、老庄、曼德拉、甘地……则是人格和心灵的大师，他们的光芒，穿越时空，闪烁苍穹。他们真正地活出了人性，成为了“人”，成为了我们精神上的珠穆朗玛，我们为他们的存在无比感动！

人们真正渴望的，是两种大师的合一，我们要扪心自问，道和术的修行，如何殊途同归，并蒂莲开！

道为本，术为耕，君子求道，勤耕不辍！

在硅谷，能够在顶尖公司上班的人，他的收入是其他公司同级员工的十倍，绝大多数来自于期权和股票。

不仅是企业界，体育界、演艺界都是如此，汤姆·克鲁斯主演了《碟中谍2》，得到的分红有1亿美金。顶尖的人和优秀的人，能力差了一点点，收入却会差十倍，虽然他们的工作时间和所做的事差不多。

曾经，有一家上市公司想请我做股权激励，但是有另外一个同行拥有20家上市公司股权激励的经验，此时，任何关系已经毫无意义，比的是实力，绝对的实力。

每一个行业都是如此，你进入不了第一梯队，就会在生存线上挣扎。

因此，一定要成为行业里的绝对专家，成为你所在行业的意见领袖，成为你所在行业的领头人。

一次偶然的机会，我和原华为副总裁林总在一起晚餐交流，林总为华为完成了70多亿美金的收购兼并，立下赫赫战功。谈及对任正非先生的印象，他说，“每次出差坐飞机的时候，任先生都会看书，看到精妙之处，就会把这一页书撕下来，下飞机的时候，老板已把好几本书都扔了，因为要害的内容都已经撕下来。”由此可见，做人需要自强，需要刚毅。

刚毅和刚愎只有一字之差，却是千差万别。刚毅是自知、自强、自力，困中力行，与从前之我血战一番，依然悦纳、谦虚、精进，如曾国藩。走自省之路，似难则千易；走强人之路，似易则万难。

第四节　思想的高峰——创造

一个小公司进入成熟市场，竞争风险是极大的，直接竞争的成功率是6%，而进入新兴市场，创造新产品，成功率是37%，这之间差6倍。

照着百度做搜索，照着淘宝做电商，根本没希望。

打败微博的，是微信。马云想模仿微信，做了“来往”，这又是正面作战的惨剧。

金山毒霸是如何复活的？不和360竞争了，全力做“移动端的清理”，全力做海外市场，结果全球下载量超过4亿。

只有跨界打劫，才有胜算。

那么你的方式有哪些不一样呢？

偶然阅读了《创业无畏》这本书，读完冒出了阵阵冷汗。在这个时代，未来的组织不再是线性增长，而是指数级的增长！我们该何去何从？

传统的商业思维是拥有的东西越多，其价值就越大，所以需要更多的人数和资产，这是线性增长思维。

比如万豪酒店，拥有数万名员工，几百所酒店，资产比重很大。

然而，最近五年，所有超级成长的企业都是指数型思维和指数型组织。你所做的事情能够比过去有十倍速的增长吗？如果不能有十倍速的增长，那么就不要去做。

估值达到300亿美金的Airbnb旅馆，没有自己的一间房间，只有几千名员工，但是其增长的速度是万豪酒店的数十倍。

Facebook、领英公司几乎没有任何固定资产，只是将人际关系信息化，创造了2000亿美金的估值。

指数型组织的核心是：技术化、信息化、共享化。

指数型组织有其重大特点，比如众筹，用天下的资金解决你资金的压力。比如众包，让天下的人力资源为你所用。

如何实现指数增长

如果你在路边吃一碗馄饨，可能只要5元，但如果你去米其林餐厅吃一碗馄饨，可能要500元。

这不是成本，也不是环境，而是品牌的认知！

一旦你成为所属细分市场的前三名，成为头部，你的收入就会呈现指数型增长。

大学教授一年收入是十万，而顶尖的教授，一天的课酬是十万。

只要成为行业里的冠军，客户就会源源不断，你会拥有定价权。

问题是，你如何成为本领域的第一名？

你该如何做？请认真思考。

阿尔法狗战胜李世石之后，人类一直自我安慰，因为围棋世界第一名柯洁还没有被战胜，但是在乌镇的人机大战中，升级版的阿尔法狗，下出的棋出神入化，轻松获胜。

在2000年，高盛有600名股票交易员，现在却只有两位，99.9%的工作都交给了人工智能。

德勤引进了财务机器人，一个机器人可以顶替15个人。

在智能时代，我们需要思考的是，如何让人工智能为我们所用？

我们的哪些工作可以软件化、智能化。

我们有没有方法可以提升十倍的效率？

软银集团创始人孙正义提出了“时差法则”或者叫“时间机器理论”，他把美国最先进的IT技术和企业体制导入了相对落后的日本企业，于是时差战术让他的企业在日本收获了丰厚的利润。

1995年，慧眼识珠的孙正义给雅虎投资了200万美金，1996年他创建了日本雅虎，这也是后来为什么雅虎会成为阿里巴巴最大股东的契机之一。当然，雅虎在日本得到了非常好的发展，这就是时差法则。

2012年，软银公司收购了美国第三移动运营商斯普林特公司，这是孙正义预测到移动市场做出的决定。

在这里，还要提到日本第一家便利店，其创建于20世纪70年代，创始人是铃木敏文，铃木敏文就是看到了美国便利店丰富的经营模式，决定将其导入日本。

在中国，许多优秀的企业都借鉴了时间法则，微信、微博、百度、滴滴、美团全部是模仿美国先进的商业模型，在中国做成了巨无霸。

去先进的世界看一看，你的思路会不一样。

在这个注意力极其分散的时代，你如何划亮长空，是商业的本质。

你是自媒体，你是发光源，你是代言人。

创造你的商誉，你的名声，你的品牌，是这个时代的课题。

你的差异化是什么？你的卖点是什么？你的吸引力是什么？

内容为王，声名为帝。

未来十年，是剧变的时代，40%的500强企业将不复存在！

过去，一个500强企业可以活67年，现在，只能活15年。

创新和新兴组织的成本只有过去的1/10，由于深度学习的存在，效率是过去的10倍！

创新不仅是科学的创新，更有哲学、艺术、人文的创新，当你品味任正非的文章，就会发现哲学的意境，人文的华丽。

提到法国，你就会想起浪漫、埃菲尔铁塔、美食；

提到阿姆斯特丹，你就会想起郁金香、美丽的运河；

提到意大利，你会想到古罗马剧场、雕塑、文艺复兴；

提到德国，你会想起高品质的产品，任何一个国家都有其独特的定位！

产品也是如此，康师傅的红烧牛肉面，让统一追赶了20年也无济于事。

后来，统一在饮料方面，推出了一个低浓度果汁——鲜橙多，一下崭露了头角，可当时康师傅只有绿茶，再推出鲜橙C时，已然无力回天。

"与众不同"是你唯一的出路！

推荐全球品牌定位大师特劳特巨作《与众不同》。

请思考你在创新吗？

思考的七大法则

思考的七大法则内容如下：

第一法则是：价值。努力是一个策略性的活动，因此，对于工作，一定要有思考、反省、复盘、升华、提炼、创新，这一切都来自于思考。

第二法则是：步骤。思考的基本步骤是pdca的循环，p是计划，d是行动，c是检查，a是总结后再次行动。总结两字，意味深长，意味着深度反省，深度思考。

第三法则是：时间。领导者停止思考，企业就会停止呼吸，思考需要随时进行，因此领导者要保持有独立的时间、独立的时段来思考，15分钟的计划会节省3.5个小时的时间。

第四法则是：工具。思考需要工具。思考的工具，可以用思维导图，心智绘图，曼陀罗清单等方法，来进行深度思考。

第五法则是：全局。思考需要全局、系统和深刻。因此，不能从个人的角度进行思考，利己的角度进行思考，要从使命的角度，利他的角度进行思考，强大对方，强大公司，强大学长，以成就他人的角度来思考，这样的思考才可以豁然开朗，这才是真正意义上的全球性思维，真正意义上的批判性思维。

第六法则是：方法。98%的人只是在工作，但缺乏思考，古人云：博学、审问、明辨、慎思、笃行，学问思辨这四件事，都是思考的方法，然而思考本质上也是一种行动，是一种高效的行动。

第七法则是：深入。一个领导者的层级越高，越需要进行系统的思考、全面的思考、深度的思考。在处理问题的时候，要学会交换、比较和反复。交换就是了解意见，比较就是决策方案，反复是斟酌推敲。

要做出令人惊叹的产品。务必凝神贯注，反复思考，直到看见事情的真相，看见事情的结果！

本章总结模型：思考是强有力的生产力，因此需要你从四个维度进行思考，包括深度思考、逆向思考、发散思考、创造性思考。

由外向内是深度思考，由内向外是发散思考，由正向反是逆向思考，从无到有是创造性思考，如图5-1所示。

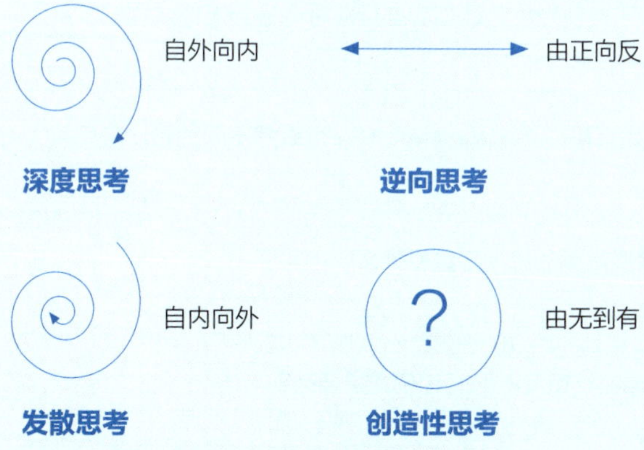

图5-1 思维的四大模型

思考自评表

1. 你所在的行业最大的趋势是什么？

思考________________

2. 你理解什么是指数型组织吗？

是□ 否□ 思考________________

3. 你正把你的组织往指数型组织上打造吗？

是□ 否□ 思考________________

4. 你对于事业、管理有一套清晰的方法论吗？

是□ 否□ 思考________________

5. 你对于你的工作最深刻的洞见是什么？

思考________________

6. 你所在的行业是否是成熟行业？

是□ 否□ 思考________________

7. 除了竞争对手，还有哪些行业可能会影响你公司的发展？

思考________________

8. 你和同行，在哪些事情上有非常卓然不同的看法和思路？

思考________________

9. 你最常用的思考工具是什么？

思考________________

10. 你独立思考的时间和仪式是什么？

思考________________

第六章 动力

行动如风

力行近乎仁，世人都知道太极拳好，但认真坚持打的，凤毛麟角……普遍的真理，不代表普遍的行动！行动是唯一的智慧！你每天的行动，就在接近真理！

生命本是经历，学习是最快的成长路径，也是成本最小的经历。那么学习的目的是什么？不是为了获得死的知识，而是为了更好地做事做人。

他人传授的知识，于你而言，还只是假肢，只是漂浮在你的身体上，只有持续地运用，才能恍然大悟，才能灵活自如，才能成为你身体的一部分。

比如开车、演讲、游泳，练习就是学习。你必须将知识联系到你的生活，彻底地理解。即自我彻悟一点，胜过读书万千。

大多数人都是知识的搬运工，试图用知识来装饰自己的门面！

如果你学过情绪管理，却依然有无数的困扰，将无法体验宁静与和美！

如果你学过健康饮食，却依然大吃大喝，将无法感受简单纯粹的美食。

这是最大的玩笑！

我们只有正视自己的生命，付出全然而卓绝的行动！用行动来诠释道理，此时，才是真正的悟道！一个人拥有任何知识都是徒劳的，除非他能将所知，浇铸于心灵、输入于意识、内化于习惯，变成一种信念、一种文化。比如有人骂你，你是洒脱超然，还是勃然大怒？

这一瞬间，就是知识和智慧的区别！否则，读无数书，只是装点门面、流于形式。

唯切实自省、痛定思痛，才能将知识生根发芽，融会贯通！

只有触动内在的世界，真正的内在革命——改变，才会真正发生！

“知行合一，并不是人们常规的理解，知道一个道理，但是你做不到，故而知行要合一。而是，知行本来就是一体！”

举例，学习这件事，分为“学、问、思、辩”这四件事，看似是知，是学习，但是学就要执着精进，问就要如切如磋，思就要如痴如醉，辩就要力拔千钧。

这何止是求知，分明是“行”，真正的行动。

一念之间，虽是知觉，已是行矣，不可疏忽，不可大意！

一善念、一恶念，都是切实的行动，都要省察，扎苦寨，下硬功！

张德芬《遇见心想事成的自己》一书中有一句贯穿始终的名言：“亲爱的，外面没有别人，只有自己！”

没有人可以阻挡你成长；

没有人可以代替你成长；

没有人可以代替你行动！

第一节 开始行动

有想法有思维的老板有很多，但后来为什么都销声匿迹了？

中国的团购网站有超过10000家，但是最后活下来的只有美团网，因为美团网每个销售人员每天坚持拜访八个客户，美团的口号：“无论天气如何，每天行军30里！”

《微习惯》这本书非常畅销，核心的道理就是，先从微小的习惯开始，不是每天100个俯卧撑，而是每天一个俯卧撑，一点点微妙的差别，累积下来将会是天壤之别。

据统计，中国有35万项专利，真正转化成商业的不足2%。

为什么？答案是：执行。

执行不是强势，不是指挥，而是（领导）带动，（思想）动员、（体制）设计。

有一次，一位企业家同学来看我，我是他的投资人。这一年，他的事业小有进展，但是成效不大！我认为他的问题就是梦想太大、执行不力，一个老板如果总是活在融资的思维中，而不向顾客要效益，实在可怕！要知道客户才是我们的老板，客户是我们真正的上级。CEO做事情，必须要有两种能力，第一是梦想的能力；第二是务实的、具体的细节操作力。总结为：高远的目标、积极的心态、悲观的计划！

投资一个企业，看什么？

要看创始人的信念和情怀，更要看他的执行力。

我会很欣赏他，因为他的信念和情怀，但是不代表我会投资他。因为执行和推进，才是活下去的根本！

当你去放风筝的时候，你要跑，快跑，风筝才能够飞上天，风筝是通过你的跑动开始升空，开始飞扬，从而产生推动力。

飞机的原理如此，事业也是如此。只有跑起来，方有成就，逆风对你而言，是一种托起、一种造化、一种福慧。

人生能够飞多高，恰恰决定于你所遇到的逆风有多大？

那么，你跑起来了吗？

古人说："功名看器宇，事业看精神！"

器宇是什么意思？是胸襟！

先做一件事

过去有一个观念："要在短时间之内，做最多事，多线推进。"结果呢？你焦头烂额，不堪其负！有一次，我在坐飞机时，读了一本书，曾位居亚马逊畅销书排行榜第一名《只做一件事》，其主要讲述的是：把一件事做到极致，就可以将结果变得更好。

对，只做一件事！

健康，只做一件事，比如打太极拳；家庭的幸福，只做一件事，比如欣赏和表扬你的爱人；事业，只做一件事，比如找对关键的合作伙伴。

那么，你的一件事是什么？

学问之道，唯慎独，唯不自欺！按时憩息，不纵此心，是为不自欺；

随时修学，不松此心，是为不自欺。真实真切的行动，是为不自欺！

于无人处独用功，一心可明真理，是为"不自欺"！

创业者的行动状态

柳传志，韦尔奇谁更伟大？

韦尔奇将公司做到了登峰造极的程度，年销售破千亿美金。从营业额来看，当然是韦尔奇。

但是，柳传志是创业者，从20万元起步，最终成为世界500强，创业者是比经理人更胜一筹的人才。

经理人是一个设定课题的考试。

而创业者呢？需要自己开发科目，找寻试卷。

创业者甚至连监考老师都要自己去找……

创业者，桌子板凳，电话电脑，人才客户，一切都是无中生有。

创业是精神的救赎；创业是自我的升华。

创业中的你，正在雕琢一个更卓越的你！

创业是一个无中生有的游戏，需要极强的行动力。

创业的两大要素：第一要素是技术，要尽可能地选择边际成本为零的行业，比如IT业。第二要素是创始人的精神和意志力！精神是什么意思？比如我每每讲完四天三夜的课，大汗淋漓，心灵亦无比满足，子夜赶回上海，晚上还有一场演讲，这斗志，为精神！

精神：凝聚为精，妙用为神！

精神是状态、是活力、是能量，秘诀是充满“热爱”，享受其间！

生活就是不断地适应。我最近在录课，感觉在录音棚和现场讲课是完全不同的境况。现场是可以互动的，有欢声笑语，水银泻地。自己录制了12段小音频，然后放在喜玛拉雅的平台上。

新的录音设备是专业级的，品质非常好，有降噪的效果，录制出的声音悦耳通透。然而年轻的时候，想做播音员，只可惜电台没录取，没想到人到中年，自己要做电台。

与时俱变，一个自媒体的时代已经来临。

录音的状态是一片寂静，完全自娱自乐，刚开始的几分钟，我几乎有了放下的念头，因为找不到感觉，随后我调整了一下信念，发现了一种新的状态：自然优雅。

越是挑战，人的智慧越清明，人越能发现。

我们要突破自己的舒适区，在新的环境中，开始全新的觉察和审视。

有一次，我将极喜欢的一本书《人性的优点》做了分享，讲解的过程中，深刻体悟到，思想和语言完全合一，已不是口才的问题，而是“心”，若心不在焉，则语无伦次；若心无旁骛，则雄辩滔滔。“此心不滑不跑”，是人生修炼的唯一课题。

自省和觉察问卷

1. 我一直想做的要事而没有做的要事是什么？

思考____________________

2. 我做的哪一件事情，对我的生命会产生重大的、正面的影响？

思考____________________

3. 我是一个坐言起行的人吗？

是□　否□　思考____________________

4. 我在做事的过程中，是否感受到心无旁骛、全神贯注？

是□　否□　思考____________________

5. 我是否有做事情的行事历和计划表？

是□　否□　思考____________________

6. 我是否理解了我的岗位最重要的事情是什么？

是□　否□　思考____________________

7. 我要突破舒适区，需要做的第一件事是什么？

思考____________________

8. 你最想培养的微习惯是什么？

思考____________________

第二节 幸福快乐地行动

如何幸福快乐地行动？

早起唯恒。因为学海无涯苦作舟，苦这个字要改为“乐”，在学中发现乐，享受乐，以致乐趣连连，陶醉忘返！

用“玩心”育出一颗“匠心”。

喜乐、自由、享受的奋斗之旅，育成一颗工匠之心！

为什么没成事？

因为没感觉。为什么没感觉？因为没有“乐”。

乐有三种：一体之乐，成就之乐，灵动之乐。

一体：和天地万物一体、和爱人一体、和伙伴一体、和事业一体。

成就：做成一件事、读好一本书、帮助一个人。

灵动：明白一个道理、彻悟一段人生、通晓一个规律、看清一种真相。

通过快乐的行动，你会收获成就，收获胜利。只有胜利，才会自信；只有胜利，才会形成快乐的行动循环。就像中国女排总教练郎平所说，只要参加比赛，我们的目标就是升国旗奏国歌，这就是夺冠之喜悦。这种信念让郎平和团队拥有了巅峰体验，使她们在训练时无比地刻苦，即使倍加艰辛，但内心中有这份成就感、有这份冠军的巅峰体验，才会触动他们持续不断地行动，促使她们在训练中无比地投入和刻苦。

这就是我们所说的，通过持续地行动收获胜利、收获自信、收获幸福的循环。

中国流传着一句格言，“吃得苦中苦，方为人上人”！

这个观念真的好辛苦，为什么工作和学习不能是愉悦的？

为什么工作和学习本身不能成为最大的奖励？诺贝尔奖得主杨振宁说："学海无涯乐作舟！是'乐'。"

你一定要打破"无苦无乐"的信念，摒弃必须艰辛才能成功的观念，少皱眉，舒展、放松自己的身心，才能拥有当下的陶醉和乐趣！

一个人的神经要足够强大，不能太纤细，不能太敏感。成败得失转头空！不要自寻烦恼，不要自怨自艾，不要自我摧残。要过得舒舒服服，要过得潇潇洒洒！

对事情的过程心无旁骛，但要有细节力；对事情的结果处之泰然，但要有钝感力！

对痛苦要麻木一点，对幸福要细腻一点。

什么是乐？是房还是车！

你会发现一切物质的快乐，都是短暂的、虚幻的。

凡是找，皆无法拥有乐！

"不找！"才是真乐！

"乐就是'生机畅达！'你在一呼一吸之间，天地之中，已然心神俱美！"

庸人以享受为乐，哲人以事业为乐。庸人以得到为乐，哲人以精进为乐。庸人以偷暇为乐，哲人以明心为乐。庸人以习气为乐，哲人以证道为乐。

苦乐不同，天地不同！感悟真乐，天地豁达！

体验事业至乐

读洛克菲勒的自传，他曾经是地球上最富有的人，那么，他的信念是什么呢？

他说："我的生命就像漫长的假期，工作是如此地享受！"

你看完这两句话，先把书放下，将这句话融于心。

如果没有强烈的热爱，怎么会有赤诚的行动。因此，眼界要有高度，你的人生将万里乾坤！做事要有力度，将会拳拳如风！

做事业如以血肉之躯推倒铜墙铁壁，如在悬崖边格斗，如心泣血！

唯有热爱，全身心的热爱，如梅兰芳之于戏剧，吴清源之于围棋，稻盛和夫之于研发，如痴如醉，如切如磋。

人生是一场马拉松，深呼吸，沉住气！为祖国健康工作五十年！

创业不是过日子，创业是奔日子，要脱离正常生活。

平平常常的生活，怎么能是真爱呢！

著名企业家冯仑说：“一定要记住，创业，一种是勾搭，另一种才是爱情。”张爱玲说：“真爱就是遇上鬼！”创业，真的要如痴如醉！不惜代价、不计成本、不算回报，这才是真爱。

人生就像茶叶，没有经过高温的煮沸，怎么会有醇美的香茗！

不要奢望奇迹，也不要担心悲剧，只需正心和努力。

一切都在归期，一切都是美域！

快乐不是未来，而在当下

无论如何，人生都有顺境和逆境。无论如何，人总有疾病和衰老，无论如何，人总有生离死别，如果向外求，我们似乎永远无法拥有幸福。

如果非要欲望的满足，才能获得幸福，那将永远无法获得幸福，因为欲壑难填。

向内探索，这才是你终极的幸福！

究竟什么才是真正的成功？

我有一个朋友，是一个上市公司的高管，收入非常高，但整个人非常憔悴，非常痛苦。我问他，“为什么会这样？”他说：“为了成功，我愿意付出工作的代价。”这样的成功毫无意义，实际上这也不是真正的成功，一个人真正的成功来自于内在。

意大利文艺复兴三杰之一——米开朗基罗。他曾经仰着头画一幅壁画，这幅画画了整整一年。他绝对不是为收入和待遇而画，而是来自于他内心的这份成就感、满足感，来自于对艺术极致的追求。

世界上最伟大的科学家之一——爱因斯坦。爱因斯坦在发表了“狭义相对论”之后，成为了世界上最炙手可热的科学家。然而他却准备研究广义相对论，也就是运动状态下的相对论，这几乎是不可能完成的任务，所有科学家都劝他不要研究，因为这会让他失去积累起来的声名。而爱因斯坦执意要去做研究，他觉得声誉和地位并不重要，求知的乐趣和真理本身才是生命最大的意义。

文艺复兴的另外一位高手叫达芬奇，有一次，我去巴黎卢浮宫的时候，几乎所有画的面前都是空空荡荡，只有蒙娜丽莎的画前挤满了人，而达芬奇画蒙娜丽莎画了整整一辈子，晚年时还会在上面添几笔。有人付钱给达芬奇画画，他竟然一直到晚年都没有把画交出来，他不是不愿意交，他是觉得这幅画原本可以更美。

尼采说：“每一个不曾起舞的日子，都是对生命最大的辜负！”

难得周末能够陪伴家人，脑海中依然思绪纷繁，诸多事项一一涌上心头。忽然觉察，我为什么不能深深地活在这个当下，释然、宁静、喜悦！

生命有三重境界：第一个境界，就是享受生活，吃喝玩乐，属于感官层次。

第二个境界，是以天下为己任，开始发现生命的意义和价值。好比有一天，你站在超市，看到熙熙攘攘的人群，蓦然觉得无趣，吃吃喝喝实在没劲，开始思考我为何而来？我如何被需要？

第三个境界，有能力全然地活在当下。你会发现一杯水、一壶茶，分外有味道；一棵树、一朵花，格外地美好；一道菜、一杯酒，意外地香醇。

你体验其中，何其乐哉！

愿你活出最高境界！

亿万年来，我们拥有这唯一一次生命，一生一秒，我们怎能在这一秒钟，

不拥有喜悦、宁静呢！

人生是不圆满的，没有人的人生是圆满的！

唯一圆满的是你当下这一秒的心！

唯一可控的是你当下这一秒的笑！

过去就是现在的完结，快乐不是未来，而是当下。

把你的生命活成一个礼物！把一切有意义的事情变得有意思，把一切有意思的事情变得有意义！

如何缔造幸福感

传统的观念认为工作更出色，收入更高，更成功，我们才会幸福。真实的情况是，你先拥有幸福，我们的工作就会变得出色，才会获得真正巨大的成功。

幸福是一种技能，可以使我们的生产力提高31%，使我们的销售额提高37%，甚至使我们的创造力提高300%。

《哈佛商业评论》研究，幸福指数高的人，他们的生产效率和收入水平比不幸福的人在这两项上分别高出31%和37%，创造力则高出4倍。

哈佛大学排名第一的课，不是经济学，而是“幸福心理学”。

幸福心理学的框架是什么？

人生有四种汉堡：

第一种是绝对美味的汉堡，但是没营养，意味着及时行乐的人生。过程虽然快乐，结果却是痛苦的。

第二种是绝对素食的汉堡，吃起来没味道，意味着奔波劳碌的人生。过程很痛苦，结果却有意义。

第三种是没营养的汉堡，吃起来也没味道，意味着随波逐流的人生。过程和结果都很痛苦。

第四种是完美的汉堡，吃起来很美味，也很有营养，意味着幸福的人生。过程很快乐，结果有意义。

人生亦是如此，为了通过考试，痛苦地学习，属于第二种汉堡。

喝酒抽烟，及时行乐，属于第一种汉堡。

只有享受到学习的乐趣，同时学有所成，才是完美的汉堡。

基于心理学的研究，有七件事情可以使我们获得幸福。

第一件事：散步，每周只要散步三次，快走半小时就可以增加幸福的指数。

第二件事：写日志，花上20分钟的时间，记录下一件充满正能量的经历。

第三件事：做点好事，行善，帮助他人提升幸福感。帮助他人是提升幸福感最可靠的方法。

第四件事：放空和静心，比如晚餐以后关掉手机。

第五件事：达到心流的状态，全身心地投入在自己的工作之中。

第六件事：冥想和静坐，保持正念，深呼吸。

第七件事：感恩，每天或者每周回想你生命中最值得感激的五件事情，活在幸福之中。

这七招任选其一，都会让你变得更幸福。幸福感最强的人比幸福感最弱的人寿命要长十年之久，幸福不是拥有最好的一切，而是把一切变得最好！

你如此幸福！

现在和未来，都可以幸福！是的，你可以！

事业是活的，人是活的，心是活的，万物是活的，身是活的，原来一切是活的！

当下，生命中最重要的事是什么？陀飞轮向我旋转而来……

自省和觉察

1. 我是否找到了工作中的快乐和喜悦？

是□ 否□ 思考____________________

2. 工作中让我最快乐的事情是什么？

思考____________________

3. 我是否找到了工作带给我的成就感、幸福感、专精感？

是□ 否□ 思考____________________

4. 在工作中，我是否能够忘记时间，感受到一种心流？

是□ 否□ 思考____________________

5. 在工作中，我是否能够活在当下？

是□ 否□ 思考____________________

6. 对我而言，我的工作过程是快乐的，结果是有意义的吗？

是□ 否□ 思考____________________

7. 我是否能够给自己缔造幸福感，缔造喜悦的感觉吗？

是□ 否□ 思考____________________

第三节　习惯的力量

什么是习惯

有一种力量叫意志力，为什么刷牙不需要意志力？

你每天早晚刷牙，十年如一日，真不简单呀！因为你已经养成了习惯，在这个习惯的背后，是因为舒服！

最近早晨起来我会静坐，因为舒畅、因为习惯！

你正在养成什么习惯？这代表你全部的意志力！

一个人的生命就是潜意识的运作，潜意识的力量比意识大3万倍，一个人不知不觉的下意识，就是他的潜意识，有些人不自觉地抽烟，有些人不自觉地喝酒，有些人不自觉地学习，有些人不自觉地奋斗……

如何改变潜意识呢？改变潜意识就是改变你的“输入”。其实大脑无法分辨真和假，但你每天选择的信息输入，都在改变你潜意识的程序。人的行为90%是无意识的，简称为习惯，习惯是潜意识中最茂盛的花，觉察你的习惯，是否让你的生命变得更丰盛！

习惯的力量是无穷的。我曾经去俄罗斯，由于时差关系，北京时间要比俄罗斯早五小时，这两天半夜都会莫名醒来，用了各种心理学技巧，然而，还是一两个小时睡不着。不禁感慨，人体是一个精密的仪器，我们所做的一切都会显现。

关注你当下的行为，其将重塑你的习惯，而你的习惯，必将彻底重塑你的生命品质！有一天晚上，我去体育场跑步，看到有一位白发老人赤膊上阵，身材健硕，跑了一圈又一圈，着实佩服。

觉察你的新习惯，习惯来自于第一步，每天十个俯卧撑、一个引体向上、一页日记、一声问候、一个微笑、一个拥抱……

欧洲有研究发现，孤儿院的婴儿之所以死亡，不是因为缺少食物，而是缺少拥抱。

不要小看你的第一步，这是一切幸福、健康、成就的分水岭！

请思考你的新习惯是什么？

养：活力的习惯

很多时候，我们觉得自己老了，故而僵硬。其实，你不是因为老了才僵硬，而是因为僵硬而衰老！

如何拥有身体活力的好习惯？

（1）睡眠：睡眠的时间要在7.5个小时。每一个半小时为1个周期，7.5个小时即5个整睡眠周期。切记，睡眠中我们是在学习。要想睡眠充足，8小时20分为好，注意临睡前1小时，最好是阅读、听音乐、静坐静心，这样才能睡得香。

（2）健康在于“事前选择”。比如你去一个素菜馆还是汉堡店，汉堡店的风险已经是素菜馆的三倍。

（3）运动：太极拳、深度呼吸。只要坐着办公，怎么运动也是杯水车薪，学会站着办公，甚至打造运动办公桌。每办公20分钟，起身运动，多喝水，这样你就会去洗手间。使用计步器，会走得更多。练习吐纳、拉伸，让自己更灵活、柔软、饱满！

中国人喜欢看面相，面相和命运确实有千丝万缕的关系，内在的平和会带来面相的慈祥和安宁。其实，一个人的体态、一个人的举止，是一个人长期的习惯所致，可谓第二面相，其实更预兆着一个人的命运。举止的轻浮和庄重、忙乱和优雅，已然显现一切！

（4）饮食：早餐是牛油果+金枪鱼、不加热的橄榄油。一顿饭至少吃20分钟，要细嚼慢咽。多吃西兰花、西红柿，远胜于苹果。少喝果汁、少吃果干，如葡萄干，而是多吃新鲜的水果，因为新鲜水果的纤维比果干果汁的纤维高100倍。杜绝糖类、精致碳水化合物。晚餐不要吃肉，鱼类可以、先喝点汤，多咀嚼。另外，晚间要多喝水，因为喝水排毒，保持肠道菌群的健康和多样性，多食酸奶、海带、蘑菇、大麦。

你是你身体的主人！你可以拥有柔软的生命！然而身体和情绪有着密切的联系。

医学界在研究了15000例胃病患者的病例记录之后发现，4/5的人不是因为身体的原因得了胃病，而是因为恐惧、忧虑和怨恨，以及无法适应现实的生活，导致自己患上了胃溃疡，甚至萎缩性胃炎。在176位平均年龄45岁的企业家的调研中，1/3的人因为紧张而得了心脏病、消化系统的溃疡、高血压。

由此可见，精神和肉体是一体的。只有强大之精神，方有健康之体魄！

出汗歌

夏天真热，酷暑难熬；少吹空调，出汗也好；
小调5度，不贪凉宵；温差越小，身体越好。
多喝温水，体泰舒妙；适当运动，愈加逍遥；
夏天出汗，本是天道！

断：成瘾的习惯

是不是任意满足自己的欲望，就是自由？

如果一个人只专注于自己的欲望，说明其已被欲望所捆绑、束缚。比如笑傲江湖中的梅庄四友痴迷于琴棋书画，这不是自由。

如果一个人在做这件事情的过程中，充满着焦虑，充满着惶恐，充满着对抗和痛苦，比如过度消费、滥情，这不是自由。

如果你沉溺于某种事物成瘾的时候，这种习惯，只是本能的无度，比如抽烟、大醉，这不是自由。

真正的自由是心灵的舒展、心灵的愉悦！真正的自由是云淡风轻、来去自如，拿得起、放得下！

自由不是为所欲为，而是自我主宰。最能主宰自己的人，应该是曾国藩，立志与从前之我血战一番。推荐你看梁启超著的《曾文正公嘉言钞》，其书义理入微，这可能是对曾国藩思想描绘最深刻的一本书，推荐你体悟此书。如果从曾国藩的生平故事来切入，应是唐浩明写的《曾国藩》三部曲，这本书写得鲜活入心。

曾公至朴至实，下硬功夫，困中求学，切身自省，日日精进，不求名利，当为华夏之榜。如果能养成曾公每天读抄写思的习惯，将必有大成。“天下无易境，天下无难境，终身有乐处，终身有忧处。”

一个人的生命没有更好，只有三个原因：

第一个原因是恐惧，害怕改变，安于现状；

第二个原因是懒惰，没有付出；

第三个原因是坏习惯，没有办法改变自己的潜意识，习惯是潜意识中最茂盛的花！

这其中最值得警醒的是习惯，要不断地反省自己的所言所行！半生所来，正心正言，正行正精进！

七个习惯

如果生命是河流，习惯就是桥梁。

如果生命是旅程，习惯就是灯塔。

生命就像登山，必须从这一步开始，因此，我们“积极主动”。

生命就像射箭，必须明确靶心，因此，我们“以终为始”！

生命是如此丰富的果园，但采摘时间有限，因此，我们“要事第一”。

生命不是一座孤岛，而是彼此照耀的星辰，因此，我们要有“双赢思维”。

生命是一辆汽车，再贵重的钻石也无法成为燃料。

因此，我们“知彼解己”。

生命是一曲波澜壮阔的交响乐，需要各种乐器，因此，我们“统合综效”。

生命如酒，愈久香醇！生命如玉，愈洁温润！

因此，我们“不断更新”！

习惯的力量自评问卷

1. 我要审视我的最重要的三个习惯是什么？

思考______________________________

2. 这些习惯是否具有长期价值？

是□　否□　思考______________________________

3. 我是否有运动和健身的习惯？

是□　否□　思考______________________________

4. 我是否有学习、成长、思考的习惯？

是□　否□　思考______________________________

5. 我是否有写日记和自我反省对话的习惯？

是□　否□　思考______________________________

6. 我最需要改掉的一个不良习惯是什么？

思考______________________________

7. 我最需要增加的一个好习惯会是什么？

思考______________________________

8. 我的习惯折射了什么样的价值观？

思考______________________________

第四节　练习的力量

练习三步曲

为什么我下围棋下了30年，水平还不如一个学了三年的小朋友，是不是我太笨？

为什么美国开国元勋之一的富兰克林下国际象棋下了一辈子，也是业余中的业余？

关键是，我们没有“刻意练习”。

为什么有的人做俯卧撑高达10000个，背圆周率可以背30000位。这不是天赋，而是“刻意练习”！

“刻意练习”是一个人成为职业选手、成为大师的唯一法门。

练武不练功，到老一场空！凡是武功，皆是根基！凡是枝繁叶茂，必先长根。向下扎根，基业长青！什么是功？什么是根？就是持续不断地刻意练习。

刻意练习有三步要诀：第一步是设定“目标”，必须有学习的目标或者进阶的目标；第二步是寻求“反馈”；第三步是改进和提升。

以练习“演讲”为例：

第一步，你的目标要不断跨越，从讲五分钟到讲一天课；从普通话到腹腔共鸣；从抑扬顿挫到声情并茂，你的下一个目标是什么？

第二步，反馈，教练的建议，表情是否可以更自然，情绪如何更笃定？

第三步，改进，持续正确的练习。

很多人都会在新年设定目标，非常遗憾，大多数人在春天就会放弃，比如健身的年卡变成了月卡。为什么？关键点在于：你有没有强大的动机、理由、渴望来支撑你刻意练习！世界上没有意志力，只有“动力”！

你正在练习什么？

生命中的一切，都是练习的结果。

如果你练习了抱怨，你将会拥有痛苦。

如果你练习了微笑，你将会拥有和美。

如果你练习了烟酒，你将会拥有憔悴。

如果你练习了运动，你将会拥有活力。

如果你练习了阅读，你将会拥有宽广。

如果你练习了思考，你将会拥有深刻。

如果你练习了写作，你将会拥有精准。

如果你练习了感动，你将会拥有情怀。

如果你练习了旅游，你将会拥有世界。

如果你练习了演讲……

如果你练习了拥抱……

你正在练习什么？

练习说话

上台讲话，每句话都要有穿透力

如果是废话、套话、空话，就不要讲。

凡是废话，

第一不由衷，你内在没感觉、没体验，

第二没升华，你内心没反省，没提炼。

只有由衷，只有升华，方可掷地有声！

很多人自诩为善、爱，说话欲言又止，导致沟通成本太高，事情浮于表面。

如果你公司的销售员怕拒绝，不敢见客户，你要激发他吗？

成大业者，以真为器。内心要慈悲、光明、洞彻，表情温和，说话却凌厉、实在、准确，切中要害，称为“关怀式交锋”，这是大善。

怀大愿者，不拘小节，成大业者，不循小恩。

练习写文章

写文章有四大关键：

第一是气势，宛如梁启超的《少年中国说》，如旭日东升。

第二是识度，宛如王国维的《人间词话》，洞见通透。

第三是情韵，宛如张爱玲的《倾城之恋》、沈从文的《边城》，情意绵绵。

第四是趣味，宛如老舍的《骆驼祥子》，妙趣横生。

气势如江河，浩荡！

识度如日月，明澈！

情韵如戏剧，入心！

趣味如相声，捧腹！

练习幸福

幸福是一种能力，就像炒菜做饭，是可以练习的。

一旦你练习到一定水准，你会拥有一生的幸福。

幸福和外在关系不大，只和你的心深深联系。

我们常常花太多时间考虑吃什么？穿什么？却从未有时间来呵护、滋润我们的心！

在逆境中，学会和烦恼、病痛共处，学会和悲伤、无奈共处，依然拥有心灵的幸福！

罗素的弟子、大哲学家维特根斯坦，一生中最后一句话，极具功力：

“告诉世人，我度过了幸福的一生！”

人生中只有两件事情：第一件事是让自己惊喜，第二件事是带给别人惊喜。

微笑是一种运动！就像肌肉可以训练一样，微笑同样可以。

你可以笑得更加灿烂！一个人的微笑来自他的信念体系，而不是来自他的处境！

一个人的信念不是来自于书本，而是来自于不断地自我觉察，来自于挑战中不断地自我升华！

练习优势之船

练习不是弥补短板，而是发挥优势。

命运的河流如此激荡！幸福的是，你有优势之船！

求真的道路如此漫长！幸运的是，你有优势之船！

我们幸而为人，不是做一个标准的模具，而是成为唯一的艺术典藏。

我们来到这个世界，不是做一个学生的模范，而是活出浩瀚而独特的气象！

我的优势就是我的方向，我的优势就是我的力量。

你为何如沐春风，因为你有人际才干！

你为何雷霆万钧，因为你有影响才干！

你为何势如破竹，因为你有执行才干！

你为何思如泉涌，因为你有思维才干！

想让鱼儿去爬树，实在是荒唐。

想要猫咪去游泳，又培养一笨蛋。

我放下我的短板，

我投入我的特长。

我绝不彷徨，也绝不迷茫。

我拥有与生俱来的禀赋和才干，我是千万人中唯一的答案！
是的，我来到这个世界，是要为宇宙留下一些最独特的声响。

自省和觉察：

（1）对于我的事业，我最需要练习的是什么？

（2）在语言练习上，我的精进策略是什么？

（3）在写作练习上，我如何提升自己？

（4）在幸福方面，我是如何练习的？

（5）在工作方面，我是如何练习的？

（6）在家庭方面，我是如何练习的？

（7）在运动方面，我是如何练习的？

（8）在情绪方面，我正在练习的是？

第五节 经历之美

人生三历

人生要什么？

人生不能陷入周而复始，陷入绝望的平静中！

人生要“经历”；学历、经历、游历，有历方有感受，方有体验。

经历是产品的基因，比如酒，越陈越好！

你必须拥有立体、多元、浩瀚的经历！

才能从容、优雅、满足！

曼德拉原来是律师，拳击运动员，从政以后，思维缜密，见地卓然，入狱之后，运动不辍，终于守得云开见月明。

华盛顿原来是土地勘测员，数学高手，打仗可谓得天独厚。

富兰克林原来是商人、科学家，做政治家时，关注民生，理论严谨。

任正非原来是军人，其领导力……

稻盛和夫原来是科研人员，其创造力……

一切付出，皆有意义。

下围棋，有一种说法叫“厚势”，意思是一块棋已成厚壁，虽无实地，但下着下着，变成实地。厚势对应的词是“薄”，四处漏风。

你的积累、你的底蕴、你的坚持，转换到一个新行业，依然星光熠熠。

如何积善，武则天在年轻的时候，就是李治的助手，代为处理国家大事。

等到机缘巧合，可以独当一面时，智虑无遗，杀伐果断，一切绝非偶然。

水蓄积到一定程度，才会有势能。

那么，如何慢养？

人们总想一夜致富，生病了一日康复。岂知，万事皆有因缘，即使是感冒，也要好几天才能恢复。有位老人家，94岁高龄，患有50年的高血压，还可以自己看书，他的理念是“慢病慢养”。正是，时间是最好的医生，时间是最好的朋友。

人生就像一场球赛，需要的并不仅仅是南美球队华丽的进攻，还需要意大利队一样朴实的防守！

真正的羽毛球高手，不是进攻，而是防守！顶尖的NBA球队，不是进攻，而是防守！生活并不是一场短跑，而是一场漫长的马拉松！

生命，需要切实、扎实、朴实地进取，不焦急，不止息。人生，不输为赢！

生命就像一块原石，岁月和经历像一把刻刀，将我们雕琢，将我们镂空，直至发现我们的灵魂，使其变得清澈透明，变得空无所依，变得晶莹剔透！

凡是故事，皆有力量！凡是“真”的故事，已不再是琐碎、平淡、无趣，而是鲜活、真切、醉人，你生命中真实发生的故事，就是你生命的真相，无限接近真理。

你需要创造你生命的故事！曾经，我和许多学长共赴日本，拜会了TOTO、京瓷、丰田等世界级的企业，对精益管理、看板管理，进行了深度体验，收益良多。在名古屋的夜晚，大家相约去中心广场跑步，远眺星光璀璨。在大坂的夜晚，大家于闹市区漫步，星光闪烁之间，有无比的旖旎和感动。在京都的金阁寺，我们排排坐吃着闻名遐迩的抹茶冰激凌，仿佛回到了青葱少年的时光。

人生三历，学历，揽学问；阅历，观天下；经历，感人生！直至活明白！

多重身份

达芬奇是画家、建筑师、音乐家、数学家、工程师、发明家。本杰明·富兰克林是作家、出版人、政治家、理论家、科学家、外交官。保罗·罗伯逊是歌手、足球运动员、律师、社会活动家。曾经在这个世界上，许多伟人都是具备多重身份的高手。然而，亚当·斯密在《国富论》中提出了专业分工的理论，使得人们对自己负责的内容甚为熟悉，而对邻近的领域却始终一无所知。

金融学教授克罗蒂亚对上市公司的高管做了一个数据研究，他们梳理了4500名CEO的背景，包括了五个维度，比如说制造、营销、人力资源等不同领域，并把他们分成两组，对其进行了全局思考，包括行业经验的广度。研究发现：拥有多重背景的主管，其薪酬比另外一组高出了19%。如果需要处理兼并、收购等行业复杂问题时，多重背景的高管薪酬会高出44%。

1989年3月，埃克森油轮在阿拉斯加触礁搁浅，上千万吨的原油泄漏，严重污染了大海，这些原油几十年也无法消解。所有的专家都束手无策，结果，一名局外人解决了这个问题。戴维斯是一名化学家，他不了解能源和原油，但是他曾经做过一份浇灌水泥的暑期工作，他认为使用振动器可以防止水泥硬化，那么是否可以用同样的方法来打碎石油的冰渣混合物，使其保持液体状态呢？经过了20多项方案的评估，结果这项方案最终获胜。

多重身份和跨专业领域的运用有四部曲：

第一部，探索周围的世界，构建全新的想法数据库；

第二部，组织你的资源和你的相关资料；

第三部，采用类比式的原理，把看似不同的问题联系起来；

第四部，不断对想法进行检验，做好挑战的准备；

是的，最成功的专家是那些拥有多重背景经验的人，我们称之为“斜杠青年”。对我而言，兼写作、咨询、演讲、创业等多维度工作，使我对人力资源学、管理学、语言学、国学、历史学、心理学，都有着浓厚的兴趣和涉猎。

那么，你对什么领域更痴迷呢？

漫长的诺贝尔奖

科斯先生于1937年提出了“制度降低交易成本”的概念，随后的50年，成为了在经济学论文中被引用最多的理念。

在制度经济学中，其核心观念主要表达了“产权决定了效率”，“一旦考虑到进行市场交易的成本，……合法权利的初始界定会对经济制度运行的效率产生影响”的观念。

然而，直到1993年，科斯先生82岁的时候获得了诺贝尔奖，其提出的“制度降低交易成本”才得以正名。

这说明了真理总会发光。

不变的是梦想，变化的是策略！

不变的是心，变化的是境！人们希望诸事顺利，这恰恰造就了痛苦。

做事不求容易，容易只会招致散漫、轻浮，正如肌肉来自锻炼，烦恼诞生智慧。

“耐烦”，是孝庄皇太后写给康熙的扇面，述说了人生的大道。

你喜欢挑战，乐于挑战，享受挑战，以此，磨砺我们的心智，修一颗光明、喜悦、纯净之心！一切得失、荣辱、名利，皆是表象。人生，只有心性的成长这一件事！

一切磨难都是上天的恩赐！请以欣然的眼光看待眼前的困难，要以打游戏的心态来过关，不要想别人为什么不帮你，而要想谁可以帮到你！一切皆是萃集，一切皆是锤炼你的情怀、节操、勇敢！

彼得·德鲁克13岁的时候，有一位神父在课堂上提问：

“你们希望以怎样的人留在人们的记忆里？

我不指望你们现在回答这个问题。

如果你们到了60岁，还回答不了这个问题，就是没有过好这一生。”

在毕业60周年同学会上，德鲁克和大家异口同声地说，“多亏有了神父的提问，人生才能活到现在的高度！”

你想留给人们什么样的记忆?

人生，以怎样的香气留存呢?

花香千里行，仁德万年熏!

自醒和觉察：

1.我如何来丰富我生命的经历？

2.我如何来增加我自己的经历？

3.我的多重身份是什么？

4.在经历中有三个方向，工作的经历，世界的经历，学习的经历，这三个方向，你如何来设计自己的经历？

5.我的工作经历最要丰富的方向是什么？

6.我的现有经历中最大的亮点是什么？

7.当我回想一生，我最希望拥有的经历是什么？

回顾这一章，行动改变命运，经历穿越人生。经历有一个四步曲模型（如下图6-1所示），开始行动、快乐行动、习惯行动、刻意练习。

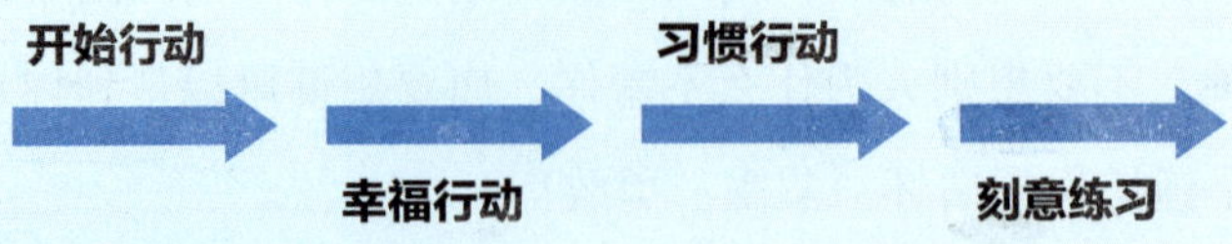

图6-1　设计经历四步曲

经历【力从何来】

一个人身体好，有活力！

一个人目标好，有动力！

一个人经历好，有能力！

一个人学习好，有潜力！

一个人心情好，有魅力！

一个人使命好，有神力！

经历【坑与深】

一个人的生命中曾遇到深坑，他看问题就会有深度！

创业的过程是寻找“打击”的过程；

创业的过程是重塑信念体系的过程；

创业就是把自我统统打破，血肉淋漓，重新整合，开启一个神奇的全新之我！

第七章

合力

汇聚力量

一个人靠体力成功的概率只有1%，一个人靠智力成功的概率是4%，一个人靠合作成功的概率将上升到33%。

我们看到任何一个人想要成就事业，他必须要学会合作的力量。假如你要创业，你必须有投资人，你必须有优秀的合作伙伴，必须有优秀的供应链。你还要建设强大的渠道，如果你不懂合作，根本是寸步难行。

因此，即使你拥有了前面所说的六种力量，但是不懂得合作，依然会步履蹒跚。

在两千多年前，项羽的故事就告诉我们，一个人即使力拔山兮气盖世，但是没有谋臣，没有大将，一定会功败垂成，四面楚歌。刘邦之所以有所成就，正是将将之人，能去率领更多的将领成就大业，像樊哙、张良、萧何、韩信。

合作的力量已经远远超过我们的想象。

重要的，不是你的财富，而是你在这个世上，影响了多少人？合作了多少人？改变了多少人？成就了多少人？

重要的，不是你的快乐，而是你内在的宁静，内在的喜悦，内在的觉察，内在的幸福！

这个世界没有世外高人，只有世内高人！凡在世外，已无高人！人世间一切学问，莫大于“人情世故”。在人世间，学会合作合力，就是最大的学问。一个人不成功，是因为不会合作。

一个人不合作，是因为缺乏爱。

心理学认为，你合作的能力取决于你心中的画面，你常常回想起的童年画面。

这个画面决定了你的感受，决定了你人生的价值观。

你的童年画面是什么呢?

从你的记忆中，马上选一幅最温馨、最美好的童年画面，变成你合作的原动力。

欣赏是合作的前提，感谢是合作的基石，让我们对一切心怀感谢。

庄子云："举世而誉之而不加劝，举世而非之而不加沮。"

全世界都批评你，你也不沮丧，真是大心性，大解脱。

如此，一个人能活在宁静而真实的状态，方得正定！

拒绝你的人给了你时间；责骂你的人给了你定性；羞辱你的人给了你勇气；磨砺你的人给了你能力；赞美你的人给了你信心；倾听你的人给了你尊重……

你的心量有多大?

不爽的事，你能放下多少?放下多少事，就能成就多大事！

你的心量有多大?

不同的人，你能容纳多少?容纳多少人，就能成为一个大写的人！

你的心量有多大?

第一节　合作的基石

我们首先要理解合作的意义，其次要弄明白如何合作。

合作的第一步，要有欣赏之心胸，合作之魄力。如果我们的心没有打开，如果我们对他人缺乏悦纳，我们是没有办法和别人去合作的。项羽看不起韩信，诸葛亮看不上蜀国的战将，战争的失败也就是理所当然。

作为一个组织，一个人，一个领袖，必须要学会坦荡之心胸，有包容之格局，有容忍之气度，方能汇聚无限资源。

《运用群体智慧》一书说，无论公司是否喜欢这一点，他们都是一个生态系统的一部分，除非公司承认与其他物种，包括用户、供应商、合作伙伴、非政府组织、创业公司、大学学术机构是相互依存的，否则将越来越难以成活。

企业必将灭亡，因为企业是一个物种，企业如何才能活下去呢？企业要成为一个城市，成为一个生态。

合作的词根就是共同劳动，共同劳动的核心就是合作，就是合伙。合伙这个词带来的是更高层次的共鸣，蕴含着整体的无限的解决方案。

在小米，“每一位员工都是平等的，每一位同事都是自己的伙伴”。在百度论语中说，“你不是孤军”。在京东强调的是“以人为本，互信合作”。

在IBM公司，该公司提出的是“智慧地球，互通互联”，华为也提出了“开放，合作，共赢”的生态。在腾讯，提倡合作是一种能力，而不是简单的用户流量。腾讯说，把半条命交给合作伙伴。因此，腾讯变成了一个巨大的拥有无限第三方的平台。

我曾拜会过一家企业，这家企业在三年前决定合作并购，一家负责营销，一家负责财务人资，一家负责运营，结果从净利润500万做到了1500万！合作的心智会催生卓越，催生无限的可能性。

左贺的超级阿嬷

匮乏和富足的心态！

一个人不成功，不是因为不奋斗，而是因为他的内心匮乏。很多创业者在创业时认为创业会很艰辛，总是历经磨难，他们甚至认为没有痛苦，就不叫创业，这是源自于匮乏的心态。

一个成功者的内心是一种富足的心态，他相信当下即美好，他的内心是轻松、愉快、满足，他就会拥有更多的奇迹。

一个人创业不成功，很大原因上是来自于他跟他父母之间的关系。他从心里无法接受他的父母，没有从内心深处去感激他的父母，这样会让他在人生充斥着艰辛、敌意。当你对你的家人心怀感激时，当你的内心洋溢着爱和喜悦时，你创业的旅途将会变得无比幸福。

有一本书叫《左贺的超级阿嬷》，左贺在很小的时候，和他的阿嬷一起生活，阿嬷超级乐观，会在走路时，在身上带一根拴绳的磁铁，用来吸一些废旧的金属，然后把它们拿去卖钱。阿嬷说："既然走路，为什么不能顺便产生价值？"阿嬷经常用一个网，网住上游流下来的东西，有一次运气好，在河里面竟然网到了一头猪。左贺小时候有一次考试只考了五分，他非常地羞愧，没想到他的阿嬷说："太棒了，一个人的成功是要靠综合能力，你只考了五分，说明你的综合能力太强了。"

左贺带着如此富足的心态进入了他的未来生活，后来去讲相声，和日本最红的北野武搭档，晚年又写了许多的畅销书，他说他的一生之所以过得如此地轻松、愉快和满足，全都源自于他阿嬷的富足心态。

什么才是好的人际关系？

人际关系是我们所渴望的，构建了我们幸福的要素。

在自我的心灵调节之后，我们渴望爱，渴望链接，渴望被爱。但是，在很多的人际关系中，都是貌似良好的人际关系，貌似和美的人际关系，其实是一种有害的关系。

第一种人际关系，是总是被挑刺的人际关系。他总是给你挑毛病，会轻松指出你的不足。您的身边有没有这样的人呢？

第二种人际关系，是貌似美好的人际关系，比如一些无意义的聚会、喝酒、聊天、胡吃海喝。甚至违背了伦理，违背了道义，这些都是看似美好的关系。曾国藩在他中年时，立下的信条是晚上不做任何应酬。一个人要知道自己所为何来。

第三种人际关系，称之为建设性的人际关系，这才是我们所追求的良好的人际关系。彼此互相关心，追求成长，发现对方的优势，有信息的交流和学习，如孔子说的："益者三友，友直，友谅，友多闻。"朋友很直爽，朋友能相互谅解，朋友非常有知识，见多识广，这才是良好的人际关系，建设性的、融合性的人际关系。

你的身边是什么样的人际关系？

哲学的目的是："如何成为一个更好的人！"

人活着的目的不是消除痛苦，而是消除无知！

无知是痛苦的源泉。

想要消除痛苦，就会走入巨大的误区。就像一个人婚姻不幸福，不是去想法缓解两个人的关系，而是试图消除他的伴侣。如果内在没有解脱，只会走向另外一种痛苦的状态。

我们的喜悦源于内在的安宁，和我们的外在无关，无须权势、美貌、财富来证明。

真正的痛苦就是自我的存在，你的存在只是一种意识形态的存在，而这种意识的存在，是为了帮助更多人的意识获得觉醒！

有一天晚上踢了一场足球赛，然后2：6惨败，未经训练的人生只能如此，竞争源于专业。

有一次喝了几瓶茅台，有一瓶是30年茅台，顿时心情有点激动，是时间让酒醇厚吗？本质不是时间，而是三十年中，这酒一直没闲着，一直在发酵，升华。

生命是个自我发酵的过程。人，能不能让自己的生命发酵、醇美、典藏？

是一个人坚持运动，还是一群人坚持运动，哪一个更容易坚持？是一个人前行，还是一群人前行，哪一个更容易成就？能量源自场域，能量可以相互加持，场就是环境。一个人是离不开环境的，环境可以是朋友、老师！环境可以是职场、运动场！环境可以是城市，国家！

人生等于环境，那么，什么是环境？人生造化，一半是基因，一半是环境。环境就是朋友，朋友的气象、境界、风范决定了你的气度、心智、状态。

大场决定小场，生命是一个能量体，是一个微型地球。

你选择的圈子、环境、书籍、爱人、益友、良师是一个大能量体，是一个微观宇宙。

你每天的行动，就是为自己补充能量。

如果磁场、道场、情场没有改变，一切能量都不会改变！

如果能量没有改变，一切都不会改变。

人生有三种朋友：益友、庸友、损友。

庸友：可有可无；损友：拖你下水；益友：振聋发聩。

那么，你有几个益友？

华为，世界500强第83位，堪称奇迹。伯克希尔公司，世界500强第8位，奇迹中的奇迹，老板就是巴菲特，38年来，该公司没有一个职业经理人跳槽。

埃迪是个球童，他四天的收入相当于一般球童一年的收入，因为他只为冠军球队服务。

即“和最优秀的人一起工作！”

只和“喜欢和崇敬”的人合作，而不是你所厌恶的家伙。

和赢家一起奋斗，是成为赢家的关键！

生命就是环境！

一颗高大的松树种在花盆里，就是盆景。

当下，你所选择的行业、城市、朋友、书籍，都构建了你的疆域，决定了生命的品质！

问卷一

1. 我的生命中拥有建设性的人际关系吗？

是□ 否□ 思考____________________

2. 我的人际圈中，是否拥有良师益友？

是□ 否□ 思考____________________

3. 在我的社交圈中，是否有许多值得我尊敬和钦佩的朋友，喜欢和崇敬的榜样？

是□ 否□ 思考____________________

4. 我是否会留心我所选择的朋友，选择的书籍？

是□ 否□ 思考____________________

5. 我能否不断构思和提升我所就读的学校的品质，改善我生活的环境？

是□ 否□ 思考____________________

第二节 合作力等于沟通力

发现优势

要想成功就要学会沟通，因为沟通力就是合作力。一个人生活的品质由沟通的品质来决定，在沟通中，我们要学会的三大要素是：第一，要学会在人际关系中加水，增加正面的价值，赋予其自尊和自信。第二，要学会演讲，一生中你有无数站起来说话的机会，详见拙著《演说的秘密》。第三，在沟通中，特别要注意艰难时刻的沟通，要学会非暴力沟通。尤其是在面对失控情绪的时候，该如何进行沟通？在这个章节里面，我们将会和大家一起来探讨。

人们需要在彼此的关系中加水，而不是放水。需要感谢、鼓励、赞美、肯定、关心、主动付出。你的水桶有多满，决定于你收获了多少爱。

人们需要发现优势，而不是改变缺点。

曾经，有行为学家对两组选手进行快速阅读的强化训练，A组原本是普通水平，B组原本是优秀水平。训练完毕的结果是什么？

普通水平确实有进步，阅读字数从90到150个每分钟。而原本优秀水平获得了更惊人的进步，阅读字数从350达到了2900个每分钟。找到你的强项，超越你的生命！

歌诗达邮轮的定位是“海上意大利”，船有12层高，虽然没有量子号大和新，却别有意大利的风情。然而，我很好奇的是，茫茫大海，没有亲人，没有朋友，年复一年在大海中漂泊，工作如此单调，他们要如何留住人才？于是我问了作为歌诗达高管的朋友，如何激发一个千人团队的激情？大海之上，怎么留人？

答案在告别时揭晓。在晚宴的临别仪式上，全场挥舞着白色的桌巾，分外欢乐、分外激情。主持人先出场，盛情介绍重要人物：总厨、厨师、甚至清扫房间的服务团队，一个一个地介绍，言辞中深情款款，将厨师称为中国人的骄傲，全场掌声欢呼……没有他，就没有美食，就没有……

当你看见员工欣慰而满足的笑脸，你会明白，有一种力量，超越金钱，叫"成就感"！有一个秘密，叫"在每个人的脸上挂上满分"。

没有人能在批判的气氛下比在赏识的气氛下更甘心卖力，无论是谁！因此，你需要学会赞美别人。

赞美员工的七要素：

赞赏要具体，针对个人、针对行为；

谈论相关事件，深入挖掘内涵；

善始善终，始终正面积极；

记录备案，纳入绩效评估；

当众赞赏，扬善于公堂；

向对方传达第三方的嘉许；

主动寻找机会赞赏员工。

看似简单，形成习惯不易！

期望效应

1891年，一匹名叫汉斯的马，让整个欧洲为之惊叹，马的主人叫威廉，是德国的一名数学老师。他给汉斯出了一道又一道的题目，聪明的汉斯每次都能够给出正确答案。在被问到七除以三等于几的时候，汉斯会跺两次马蹄，然后再踢一下，表示余数是一，这匹马成为了智力超群的动物。

大量的动物学家、心理学家组成委员会想要找到汉斯作弊的情况，但是没有找到任何确切的证据。又过了三年，一名生物学家揭开了汉斯的秘密，汉斯之所以能够回答出问题，是因为它观察到了主人的微妙表情，而那些难以察觉的期待的表情，会让汉斯停止敲击。

我们会明白，我们生命中的延伸和发展，是源自于他人的期望，我们自己给自己的期望以及别人对我们的期望。

如果人们相信某些情况是真的并且因此作出反应，就会产生实实在在的后果并改变未来。无论你认为你的学生是好学生或者是差学生，你都是对的，预言总会实现。我们对一个人的期待是怎样的，那个人往往就是怎样的。

因此，领导者要提高对员工的期望，这会促使他们更加努力地工作，对自己更有信心，形成一个正面的良性循环。

多年以前，我的父亲帮我去找工作。他来到了一位昔日大学同学的家中。他谈到他的孩子，也就是我，积极，上进，谦和，他差点说我是他生命的骄傲。父亲所说的这一切极大地鼓励了我，对我产生自证的期望和积极的期望，并进而改变了我的人生。

是的，你要对你最爱的人，对你的伙伴，对你的员工，都抱有积极的期望，他们会如你所愿！

如何提高你的沟通力？

（1）从评判到观察

人们总是喜欢评判，因为评判是容易的，是轻松的，是不需要承担任何责任的。

评判带有许多主观的色彩，添加了很多附加的元素，只有观察才是真正的智慧，思考是非常美好的事情，而观察则会进入到智慧。

我从来没有看见过一个懒惰的人，我只是发现有些人早晨十点钟没有起床；我从来没有看见一个消极的人，我只是看到他们低着头。

所有的定义都是主观的定义，评判都会带来对立、矛盾、负面。

只有全然地进入到观察，我们才会回到如实如是的状态。

我们不仅评判别人，有时候还会评判自己，我们会为自己添油加醋。当你放弃了喋喋不休的声音，进入全然的观察，你会拥有绝对的真实和自由。

（2）及时回馈

为什么AlphaGo能够战胜人类最厉害的棋手，而且高出好几个档次！

如果仅仅取材人类的棋谱，AlphaGo的水平跟人类应该差不多。

因为谷歌的工程师在AlphaGo建立了一个反馈系统，每走一步，就可以告诉AlphaGo，它的胜率是提升了还是下降了。

久而久之，机器当然会向胜率越高的状态前进，愈加强大，这就称为“强化学习”！

原来如此！

（3）尊重的语言

父母是孩子人生中最好的导师，你的语言和信条，将会输入孩子的心中，形成程序，形成操作系统！

对孩子沟通的错误，常常是控制性的、威胁性的语言，比如“如果你不怎样……我就怎样。你要怎样……我就怎样。”

“如果你不做作业，我就不带你出去玩了”“你要是写作业，我就奖励你一个礼物”，这种看似正常的语言，其实属于威胁并且是交换。

人生不是一个交换的游戏，教育的目的是要让孩子的人生拥有安全感，拥有自尊。威胁只会让孩子失去安全感和自尊。直到有一天，孩子会跟家长说，你不给我买手机，我就自杀，就割脉！

教育的目的不是试图改变对方，而是营造足够多的安全感，而是心怀尊重，尊重就像空气，它看不见，但是切实地存在。我们要试图站在对方的角度，看对方所经历的一切。在家庭中，对孩子也是这样，要不断强化孩子的正面行为，予以表扬。

有一日，难得休息，我陪伴孩子去休闲广场。广场上有一个促销活动，答题将会有奖品，孩子兴高采烈地答对了五道题，得了一个鼠标垫。晚上孩子问，是谁把他的鼠标垫扔进了垃圾桶，看起来非常不高兴，于是我忙说，“我正缺一个鼠标垫，这垫子真舒服。”此时，太太悄悄地跟我说，“我以后不能扔他的东西了。”

赋予他人自尊、欣赏、善意，并不是惊天动地的大事，而是在日常的点滴生活中，并不仅仅是你的事业伙伴，更是你习以为常的亲人。

在企业中，更是如此，要频繁地进行反馈！表扬、欣赏、批评、指正，时刻让员工知道他是否处于正确的方向。

这就是管理之道！

（4）接触效应

沃顿商学院做了一个研究，如何能让顾客给更多的小费？

当顾客在餐厅吃饭结束时，将会有服务员给顾客一颗糖果，如果糖果是自取的，将不会增加小费的额度，而糖果是服务员亲自给的，将会增加小费的额度。

这个测试非常有趣，证明了一个非常重要的效应，叫做“接触效应”，人们在接触的过程中会产生信赖感，关系是需要互动的，生意来自于情感，来自于接触和链接，来自于信赖感。

研究人员还发现，当服务人员在给糖果的时候，转身离开时又给了一颗糖果，也就是两颗糖果，将会获得更多的小费，因为顾客会觉得，他在你心目中是与众不同的。

建立信任的核心是互动、是接触。

（5）社会认同的力量

一家酒店希望房客们能够重复使用毛巾，于是他们告知房客：重复使用毛巾可以保护环境。这是第一种做法。而另外一种做法则告诉他们：酒店的绝大部分房客都会至少重复使用一次毛巾。

分析数据发现，那些被告知酒店房客都会重复使用毛巾的信息比仅仅告知使用毛巾更环保这样信息，其节约概率高出了26%。

这就是社会认同的力量。

英国税务海关总署对这个数据研究非常感兴趣，他们提了一个问题：说服房客重复使用毛巾的方法，对英国人民交税是否会有相似的效果呢?

经过了几个月，得到了肯定的答案，一般的纳税通知单会强调不及时纳税会遭到处罚，而这次的通知加入了一句话，指出“英国大部分人会按时纳税”，结果人们提交纳税申报表的概率上升了5%。

如果将该信函标明接受信函的“大部分当地人会按时纳税”，使得提交纳税申报表的概率上升了12%，降低了征税成本数额高达数十亿英镑。

为什么这么一个简单易行、成本低廉的策略，在过去没有得到运用呢？因为人们没有意识到社会认同的强大力量！

（6）情商会说话

请人办事的时候，要说：这件事情非你莫属！（认可法）

请人吃饭的时候，要说：非常美味的意大利餐厅，终于订到位置，周五你有空吗？（投其所好法）

家里橙子很多，我们把它都消化了吧。这样说让人很无奈。要把它换成：天气变化很快，吃三个橙子可以防止感冒哦！

和家人说，请合上马桶盖，这样说没什么用。要换成：听说不合上马桶盖，会失去财运哦！（厌恶法）

每时每刻，我们说话的艺术，都是我们高情商的呈现。沟通的品质就是人生的品质。

你什么都不会，但是会说话！（反差法）

（7）非暴力沟通

很多时候，我们很难控制自己的情绪，我们习惯了简单粗暴地表达自己的情绪，这个时候，非常需要“非暴力沟通”。

非暴力沟通的四个步骤：

第一个步骤：观察，从行为入手。

第二个步骤：感受，描述内心的状态。

第三个步骤：需求，我需要什么。

第四个步骤：请求，目的是什么。

举例：你的爱人晚上十二点回家，你不要评论，不要开骂。

第一步，观察，要说我看见你晚上十二点回家，没有任何评判，从行为开始。

第二步，感受，告诉对方，你的内心感到很孤单。

第三步，需要：你需要他的爱。

第四步，请求晚上早点回来，晚上尽量最晚10：00回来，这就是请求。

激发爱

关于婚姻，我们非常容易陷入既往的印象之中，于是，一次争吵就变成了伤痕，一次变调就成为了主音。人不是一成不变的，人不是一个成型的器物。“人是活的”，这是多么简单，却不容易发现的道理。你可以不断地启发、启迪，持续地欣赏、赞赏，让他（她）变得更好！正如植物需要灌溉，才会长出新枝新芽。“爱”更需要灌溉和滋养。

什么是情商？就是“激发出一个更美好的他（她）”，然后你就会一次一次地发现全新的她（他）！感受全新的爱！推荐大家去看电影《摔跤吧！爸爸》，豆瓣评分高达9.7分。电影讲述的是一个关于爱、关于梦想的故事。时光可以消蚀一切，只有梦想，让生命燃起了希望！岁月如此平淡，只有爱，让一切如花绚烂！这部片的男主角，被誉为印度的刘德华——阿米尔·汗。因为他，直接让印度电影一下跨越了30年。为了演这部电影，男主角先胖到190斤，为了一个一闪而过的镜头，又在五个月内瘦回140斤，体脂从30%降到9%，可谓现实版的励志大片。印度的传统文化中，有非常强的女性歧视部分，然而电影直面现实，振臂疾呼，为爸爸的爱，为千千万万的女孩，为千千万万被误解的女性，不再甘于无助无味的人生，在这一刻绽放！

问卷一

1. 我在家庭和事业中，是否赋予了他人尊重的、积极的语言？

是□　否□　思考＿＿＿＿＿＿＿＿＿＿＿＿＿＿＿＿＿＿＿＿

2. 我在婚姻中是否懂得欣赏、鼓励和认同，忘记一些不愉快，一切如新？

是□　否□　思考＿＿＿＿＿＿＿＿＿＿＿＿＿＿＿＿＿＿＿＿

3. 我是否懂得艰难时刻的沟通，学会非暴力沟通，关键对话？

是□　否□　思考＿＿＿＿＿＿＿＿＿＿＿＿＿＿＿＿＿＿＿＿

4. 我是否在人际交往的过程中，懂得发现和欣赏，并发挥别人的优势？

是□　否□　思考＿＿＿＿＿＿＿＿＿＿＿＿＿＿＿＿＿＿＿＿

5. 我是否对事业伙伴抱有正面的期望和欣赏？

是□　否□　思考＿＿＿＿＿＿＿＿＿＿＿＿＿＿＿＿＿＿＿＿

6. 我是否在沟通中保持中正的情绪，正念正语？

是□　否□　思考＿＿＿＿＿＿＿＿＿＿＿＿＿＿＿＿＿＿＿＿

7. 我是否在沟通中首先从行为开始沟通，而非情绪？

是□　否□　思考＿＿＿＿＿＿＿＿＿＿＿＿＿＿＿＿＿＿＿＿

（8）学会演讲

一个企业的创始人，如果他会演讲，那简直是如虎添翼。张瑞敏、柳传志、任正非都非常会演讲，刘永好更是演讲高手。企业家如果会演讲，就可以宣传自己的产品，分享自己的愿景和使命，感召更多的人才。他就可以成为公司最好的品牌宣传者。

如何迅速学会演讲呢？

有四个非常重要的关键点：

第一个就是你的心态，一定要抱着送大家礼物的心态，而不是展现自我的心态。一旦你的内心越放松越从容，你就会表现得越好，也会表现得越自然，自然和真诚就是最大的秘密。当你越是求好心切，演讲效果就会越糟糕。在我人生职业生涯的早期，去参加演讲比赛时，经常由于过于用力而紧张不堪。当我意识到，我应关注演讲本身时，我就可以让我的内在和我的思想完全合一。因此，演讲的第一个心态就是“了无私心”，有的训练机构教大家如何自我介绍，光自我介绍就要介绍三五分钟，这其实没有必要，因为听众需要的是礼物，听众需要的是你的思想，而不是了解你是谁。

第二个演讲的关键是好奇，你一定要在最短的一分钟之内，让别人对你的演讲内容产生好奇，可以是数据、可以是故事、可以是一连串的发问。比如说，现在宏观经济调整，万科的年会的主题都是活下去，那么现在我们该如何活得更好呢？新的一年，我们应该使用哪些新策略呢？

第三个关键是发现，在发现的过程中，一定要给大家真实而强有力的观点。你要给大家明确的、理性的逻辑和哲学，震撼性的故事和案例。让大家有全然不一样的收获，最好是颠覆性的见解和认知。比如你要告诉大家：一个人之所以没法控制情绪，其实跟他的睡眠有关。一个人创业不成功，是因为和父母的关系。一个人小时候大脑中闪现的画面将决定他一生的成就，你一定要分享一些不一样的新内容。

第四点就是升华，一定要在最后给一个强有力的观点或者故事，让别人意识到这是一场强而有力的演讲。比如你在结尾的时候告诉每一个人：“生命是你创造的世界。”

（9）公司沟通的七大守则

第一守则：目的

沟通首先在于明确沟通的目的，无论是对客户，还是对同仁，均要明确沟通的目的，当我们明确了沟通的目的，沟通的效果才会好，才不会陷入情绪，陷入细枝末节。

第二守则：中正

99%的人沟通容易陷入情绪之中，忘记了沟通的目的，因此，保持情绪的平和、中正和淡定，是一个人成熟的标志。

第三守则：正面

沟通的时候要用积极、正面的语气来进行沟通，不得使用嘲讽、怀疑、挑衅、讽刺和挖苦的语气来和同仁讲话，要时刻保持正面积极的能量，阳光而温暖地沟通。

第四守则：反省

在沟通中，首先要反省我如何可以做得更好，我如何做好，而不是去指责抱怨别人，当我们自己开始强大的时候，就是一切幸福的源泉。

第五守则：平等

沟通的时候不得以上欺下，不能过于强硬和暴力，而是以平和正面的态度来交流。

第六守则：坦诚

矛盾的98%是误会，误会的98%是沟通不良。因此，我们要坦诚地、真实地沟通，不要私下传话，不要私下传播负面或者小道的消息，更不要向第三方传递他人所讲过的话，这样都容易导致矛盾复杂化，要当面锣对面鼓。公司禁止耳语文化，公开场合说悄悄话，这是非常不礼貌的状态，而沟通就是要坦诚相见。

第七守则：正念

起心动念，决定人生！不得传播未经证实的消息，不得对他人擅自评论。正心正念正语！

问卷二

1. 我是否每天会表扬他人，看见别人的优点？

是□ 否□ 思考________________

2. 我是否掌握了演讲的技巧，并且享受演讲的过程？

是□ 否□ 思考________________

3. 我是否懂得在演讲中能够分享礼物（有价值的观点）？

是□ 否□ 思考________________

4. 我是否懂得在演讲中发问，引起好奇？

是□ 否□ 思考________________

5. 我是否会深度地思考我的语言，不断历练和优化？

是□ 否□ 思考________________

6. 我是否在人际关系中不轻易地评判别人，不主观地下定论？

是□ 否□ 思考________________

7. 我是否懂得对我的伙伴做出及时的反馈？

是□ 否□ 思考________________

8. 我是否会运用认可法和别人进行沟通？

是□ 否□ 思考________________

9. 我是否欣赏人，会花时间适当地互动和交流？

是□ 否□ 思考________________

10. 我是否懂得运用社会认同的力量进行说服和告知？

是□ 否□ 思考________________

第三节　合作等于领导力

用对领导力

何为领导力呢？领导力有以下几个方面内容：

（1）领导力：领导者的胸怀和格局

如何应用领导力去带动和影响团队？如何去发现我们的合伙人？如何去建立更加强大的合作团队？

中国人常说："'分久必合，合久必分'，中国式合伙常常遭遇中国式散伙。"

中国人合伙可分为四个阶段：第一个阶段：同心同德，众志成城；第二个阶段：同床异梦，心怀鬼胎；第三个阶段：同室操戈，兵戎相见；第四个阶段：同归于尽，你死我活。

因此，许多企业家宁可选择单干，也不愿意选择合伙。在此，我们要说的是，合伙可能会分，不合伙一定会死。在这个合伙时代，企业宁可遭遇散伙的痛苦，也千万不能遭遇单干的灭亡。合伙的旅途中需要修炼三颗心。一是，升华心智，有没有智慧百出；二是，纯洁心灵，有没有动机至善；三是，强大心神，有没有全力以赴。合伙之路是一场考验我们心智，心灵，心神合一的旅程。以合伙来修身处世，磨砺心性！

人生有两种选择：成为他人的心腹知己，或者让别人成为你的心腹知己。无数独行侠，没有平台，一生尽毁。

你能领导多少人，此生能产生多大的影响力？提到"政治"，人们会想到权谋和阴暗，其实政治是一个中性词，关键在于做事目的是否真诚？是否高远？

一个人做事业，要有一定的政治智慧，外圆内方，如中国的铜钱；柔中有刚，如中国的太极。政治是什么？就是让支持你的人更多，反对你的人更少。你的家人、朋友、伙伴支持你吗？领导者比什么？如果你是团队中最聪明的，那么你就是最愚蠢的。曹操不可能比郭嘉聪明，刘备也不可能比诸葛亮聪明，领导者，比的是决策，比的是勇敢，比的是格局，比的是领导力。

褚时健74岁保外就医，承包荒山，种植橙子。稻盛和夫78岁做了胃癌切除手术后接管日航。玄奘法师孤身一人抵达那烂陀，来回走了19年，将佛教的知识传承于东方，成为古往今来最伟大的翻译家！领导力就是一个人内心的力量，心灵的力量，精神的力量！领导任何人之前，首先领导自己，全神贯注，山峙渊停！西点军校说："领导力就是一个人认知自己，并且能够多角度看待这个世界的能力。"一个人在面对挑战时，将毕生所学付诸行动的能力，就是领导力。知识不是一个名词，而是一个动词，是一个赋予行动，赋予修炼，赋予奔放的生命历程！

老大和老师

老师是饱读史书；
老大是饱经沧桑。
老师是在书海中遨游；
老大是在红尘中修炼。

老师的气质是慈悲；
老大的气质是威严。

老师是理清世间道理；

老大是践行一种哲学。

老师是挺自己，将心注入；
老大要带团队，先身垂范。

老师要悟纷繁之世事，明万物之大道；
老大要化人性之狰狞！扬人心之光芒。

做老师已是不易，
做老大，你准备好了吗……

（2）领导力：精准选人

作为领导者，你该如何去选择合伙人呢？要选主动的人，小公司有太多事需要处理，管理也不规范，而公司正需要自己能主动发现问题、解决问题的人。同时要选有成长性的人，因为公司快速发展，如果员工跟不上，就很难与公司共同发展。公司的前100位员工，每一个人都必须由创始人亲自面试。

那么，如何选聘高管呢？

有一个兄弟给我打电话，问及高管招聘的问题，其公司是网上药店的第一名，刚刚估值超过20亿，融资形势大好，迫切需要高管。如果高管没有选好，不是薪酬白给的问题，而是错过了战机，一旦贻误时机，再无机会。

招聘高管第一要看经验，有无打过大战的经验，有无和民企磨合的经验（全是大企业，容易头重脚轻），有无高管的经验（不是执行层）。第二看情商，有无和团队打成一片的能力，有无荣誉感和格局。第三看落地能力，能不能将想法转为现实的能力。其他，个性、优势、专业能力、求知欲、价值观、正确的动机，也都是需要观察的要素。

（3）领导力：恰当用人

用好年轻人

有一天参加了朋友在同济大学的VR（虚拟现实）发布会，瞬间，神妙至斯，自我消失。五千年未有之大变局。

知天下事变之繁，怀谦敬之心，诚敬恭敬。

知青年俊杰之锐，怀惜才之意，用才揽才。

上海国际会议中心，见到了几位老朋友，感触最深的：不是谁有多牛，一年做几十亿；不是谁有多惨，盲目多元以至房子要拍卖；而是有“多新”！一位年轻人，让我眼前一亮，四年前大学刚毕业，曾是我的助理，现在创业，用互联网思维卖果汁，加入了独角兽创业营。公司已经估值六千万，观其言辞，皆在要害；听其思维，气象万千，赞！

新时代，必须向年轻人学习，多和年轻人打交道，如梦初醒，如琢如磨！

腾讯公司说：“这个世界已经进入后喻世界。”后喻指的是年轻人开始教育和影响年长者，是的，滔滔江水，滚滚前行，年轻人必将主持这个世界，我们所做的，是搭建一个平台，招募人才，让青年人来唱戏！

用兵用狠要恨，带兵要亲要勤

有一天，我的课堂上来了一位白发苍苍的董事长，已逾花甲之年，依然孜孜不倦地学习，令人肃然起敬。

董事长在河南登封创业，是一位军旅企业家，旗下有十几家企业，年业绩突破80亿，其管理层早上7：00就要赶到公司，7：30于工厂门口迎接员工，作风之硬朗，执行之强大，是其成功之要诀。创业已三十余年，公司不断超越，今年提出口号：“我们正青春、我们正当年！”

我很好奇他的生平，便与他交谈。他说：“当兵多久后悔多久，不当兵后悔一生！”意思是当兵真的很苦，然而苦难却磨砺了一生的能量。

他将带团队归结为12个字：“用兵用狠要恨，带兵要亲要勤！”

狠就是残酷的爱，恨就是恨铁不成钢，高要求；勤就是以身作则，亲就是关爱有加，高关怀！一个恨，一个亲，非常传神！

对团队而言，团队需要有标准，团队需要有结果，团队需要有力量。这一切的背后来自于领导者的意志力！经营决定于一个领导者坚定的意志力，一个过于善良的人是很难把团队带起来的，因为它没有办法提出高的标准和要求！对事情的锋利，对事情的执着，和对人的仁爱，对人的关心，有时候是会冲突的。因此，真正地对大事负责，要牺牲一些所谓的小爱和关心，真正地以愿景、以使命为导向！

禅门说：小善似大恶，大善似无情。又说：勿以善小而莫为。有冲突没有？这两个小善是一个意思吗？“小善似大恶”，这个小善指的表面的善，姑息迁就、不得罪人。如爷爷奶奶对孙子的好，过分溺爱，毫无原则。勿以善小而莫为，这个善小指的是一份善心，扶一个老人过马路……

你无法取悦所有人，你只能带领团队杀出重围！想取悦所有人是非常可笑的。如果团队没有绩效，没有成就感，也不会有更高层次的快乐。团队在一起是要打仗的，是要一决胜负的。一个好的领导者要能够要求下属，带动下属，成就更高的绩效，让大家过上好生活！

营造强大健康的环境

一个好的领袖，要营造一个健康、强大的生态环境，而不是一个爱心泛滥的低效组织！凡人的心愿是要让他人开心，高人的心愿是让众生解脱。取悦只是表象，明白才是力量。开心是周而复始的循环，解脱是持续向上的彻悟。开心只是瞬间，解脱才是长久！

古往今来，文治武功最受追捧的是李世民，打仗出生入死、治国雄才伟略，当属千古一帝。没想到唐太宗李世民写过一本书，是为《帝范》。《帝范》从自身修养、任用权力、选用官员、自我管理，各个纬度来剖析为君之道。

如何调动员工的干劲

作为领导者，你如何调动员工的干劲呢?

第一，把员工当作伙伴。

要和一起奋斗的员工建立同心同德的关系，绝不仅是雇佣和被雇佣的关系。

第二，要努力得到员工发自内心的爱戴。

优先考虑员工的利益，对员工抱有体贴和关爱之心；牺牲个人的利益，全身心地投入工作，员工才会爱戴和迷恋经营者。和员工建立起心心相映的人际关系，努力实现员工的幸福。

第三，阐述工作的意义。

从理性层面提高员工的积极性和主动性，明确工作的价值和使命感，让员工明白这份工作多么地有意义和了不起。

第四，描绘远大的愿景。

我们的梦想，让员工和经营者产生非如此不可的强烈愿望。

第五，不断讲述自己的哲学：人为什么而活、为什么而工作?准备如何度过自己的人生?

第六，提高自己的心性，提高自己的气量和气宇，一切由心出发，不断地让员工产生共鸣、认同。

打造团队有七大守则。

第一个原则：价值。企业的竞争就是人的竞争，人的竞争就是团队的竞争。同呼吸，共命运，形成性命相托的团队，是一个组织制胜的根本。

第二个原则：使命。团队必须拥有共同的使命，崇高的信仰，以使命为导向的团队，才会拥有情怀，才会拥有激情和战斗力，一个有使命感的生命，是世界最伟大的作品。

第三个原则：价值观。团队要有共同的价值观，以奋斗者为导向，以成就客户为导向，以合作共赢为导向。凡是自私自利，凡是懒惰消极，均不适合成为团队的合作伙伴，因此要宏扬正念，积极的价值体系，并以此作为团队选育用留的标准。

第四个原则：信任。团队源于彼此间的信任，信任来自于彼此的付出，来自于彼此的支持，来自于彼此的协作，胜则举杯相庆，败则拼死相救。

第五个原则：欣赏。欣赏是悦纳的开始，欣赏是拥抱的开始。发现团队的优势，相互协作和配合。放大自己的心胸和格局，乐于和他人合作。放下嫉妒、小我和贪婪，才会收获大我、成就和光明。

第六个原则：付出。永远要持续不断地付出，只有存款才可以取款，只有付出才可以有支持和回报。积善之家，必有余庆；因果循环，天道不爽。

第七个原则：分享。团队的生命力来自于分享，来自于物质的分享，来自于精神的分享，来自于工作方法的分享，来自于善念的分享。越慷慨，越收获；越播种，越成就。

领导者真正的授权

很多人误解了授权，以为将工作交代给下属，就是授权，这其实是“指令性的授权”，下属已停止了思考，开始机械的行动。就像很多父母教育孩子一样，事无巨细，像直升飞机一样，盘旋在孩子的身边，这样的孩子总是长不大。

真正的授权是责任型的授权，是让下属对这件事情负责，当一个人意识到自己的责任的时候，他就会想方设法，千方百计。

正如稻盛和夫在交代工作的时候，他带着真挚的眼神，诚恳地说：“那就拜托你了！”下属的血液为之沸腾。

责任型授权有五部曲：

（1）预期的成果；

（2）指导的方针；

（3）可用的资源；

（4）责任的归属；

（5）明确的奖惩。

授权是极具艺术和科学的，它分为七个层级：

第一个层级：告知，你需要替他人作出决定，甚至都不讨论你的动机。

第二个层级：推销，你帮别人做出决定，但你会尝试说服他们，让他们感觉也参与其中。

第三个层级：咨询，你尊重人们的观点并交换意见。

第四个层级：商定，你和所有人一起讨论，达成共识。

第五个层级：建议，你向他人提供你的观点，并希望他们能听取你的真知灼见，但这是他们的决定而不是你的。

第六个层级：问询，你让他人先做出决定，事后再鼓励他人说那是明智的选择。

第七个层级：委托，你已经把决定权交给他们，你甚至都不想知道那些细节。

当你做每一件事情的时候，安排团队的时候，你都可以思考，授权等级属于哪一种状态？我们该应用哪一种最佳方式。

许多领导者都喜欢提倡服务和奉献，言必称回报社会、成就员工，其实这是领导力的最高境界。

领导力的第一种是事务型领导人，解决具体问题，活下去。

领导力的第二种是变革型领导人，推动变革，持续活下去。

领导力的第三种是服务型领导人。

同时兼具三种能力模型的，凤毛麟角，要清楚自己在哪一个纬度最擅长？

首先要把事务型工作做好，然后是推动变革，最后才是提倡服务和付出，顺序不宜颠倒。

当我们回顾这一章时，发现合作的力量来自于两大力量，沟通力和领导力，两者交汇，形成一个合作力四象限图。沟通力对人，领导力对事。沟通力影响一切，领导力推动一切。沟通力高是凝聚者，领导力高是鞭策者。两者皆高，当为领袖。

问卷三

1. 我是否已经建立了我的核心团队和班底?

是□　否□　思考______

2. 我是否善于选择人，并且有一套选人的标准和系统?

是□　否□　思考______

3. 我是否有年轻的朋友，并且经常和他们深度地交流?

是□　否□　思考______

4. 我是否懂得领导力不仅要有高关怀，更要有高的原则和标准?

是□　否□　思考______

5. 我是否把员工当作伙伴，能全身心地奋斗并赢得员工的爱戴?

是□　否□　思考______

6. 我是否在授权的时候，非常地诚恳和真挚?

是□　否□　思考______

7. 我是否已经掌握了授权的五部曲: 成果、方针、资源、责任和奖惩?

是□　否□　思考______

附录一　简传篇

童年与青春

记忆是可以穿越的。此刻，我有些恍惚，仿佛岁月穿梭回那个遥远的青春葱茏的时光，那个自卑的少年，度过了生命中最美的时光。

生命中最美是何时？是当下的繁芜，还是纯美的青春。孰重孰轻，无从辨别。

我的童年是在乡镇上度过的——南京市六合县四合乡。乡镇上有一条长长的街道，一条漫长的上下坡街道。多年以后，当我再次回到家乡的时候，我惊讶地发现：原来那段上坡，是如此之短，为什么在我的记忆中，是那么地远，那么地高。

在我小学二年级的时候，我们全家搬到了县城——六合县。到了县城以后，我发现：一切是如此地惊喜和新奇。原来这里的夜晚有光，光是由路灯散发出来的。这些光慢慢在心中蔓延开来，让你看见无限的美好。

在县城的时候，我们全家要挤在十多平方米的小房子里。家虽然小，却格外温馨。我的父亲是一名人民教师，母亲是一名售货员。每天晚上，母亲下班回来都会带回一些零食。那是少年时极美的等待时光。

美好的时光中也伴随着苦恼。来到县城后，我非常地自卑。因为不管我怎么努力，我的学习成绩始终不太好。有时候我会想，我为什么不像城里孩子那样聪明呢？也许是经常转学的缘故，上课时，我总是不能集中注意力，并且话多好动。这种自卑感伴随了我整个学习生涯。

转眼，小学毕业了。经过我的不懈努力，最终升入了中学。

初一的时候，只有四门课程：语文、数学、英语、政治。非常遗憾的是，期末考试时，三门学科都没有及格。这让我的心情分外地郁闷。父亲在看了我的成绩单以后，轻轻地叹了一口气。这声叹息，让我的心情宛如深秋，也让我越发惭愧。这是我生命中的第一次觉醒，开启了我的“心力”，即“七大力量”的第一种力量。心力为众力之匙，一切奋斗都是从内心开始。此刻，我决定要好好面对我的学习。我的心中燃烧着一团学习的火焰，这团火焰在我的生命中燃烧了很久很久。

初二的时候，增加了一门物理课程。为了学好物理，我整日都缠着物理科代表，凡是不懂的，不会的，都向他请教。事实证明，努力是有回报的，我的物理成绩考到了班上的前几名，总成绩从全班第37名上升到第7名。觉察是生命中最大的智慧，自觉是觉察的开始。

父亲为我的改变感到惊讶，眼神中也透露着些许的欣慰。这使我感到分外地开心。时至今日我才明白，改变源于我的原力，即“七大力量”的第二种力量——爱的力量。原力为众力之源，一切的改变源于爱。

父爱

陪伴是最长情的告白，我的老家其实在南京城城南的老巷子里。巷子里有一条街，叫磨盘街，这条街上的11号，就是我爷爷奶奶的家。那是一个有着长长弄堂的老宅。

爷爷在我很小的时候就过世了，为此父亲14岁就出来打工，撑起了一家人生活的重担。

每当我想起父亲，为什么我总是热泪盈眶？可能是因为那份爱的光芒，让我的一生如此温暖。小时候，我得了鼻炎，父亲经常陪着我看病，在当地各大儿童医院穿梭。在一个炎热的夏天，我们走在路边上，我感到口渴，于是买了一瓶可乐，一饮而尽。我看向父亲，问他要不要也来一瓶？他说我不渴。我看着父亲干瘪的嘴唇，明白了什么是真正的父爱。

小时候，父亲常带我去逛公园。他身上总是带着一两元钱，以备不时之需，这让我的一生都充满了安全感。

有一次，我生了病，浑身没劲。于是，父亲弯下腰，背着我去了家门口附近的诊所。我趴在父亲的后背上，感受到父亲的背是如此地宽广。那件事已过去多年，我依然记得我趴在父亲背上的那份安详。冬日的夜里，我睡着以后，父亲时常过来看我，用手把我脖子旁的被子塞紧，生怕我着凉。夏日的夜里，我们睡在南京老房子的地板上，经常热得难以入睡，父亲就半夜起床为我调风扇。

多年以后，我在印度学心理学的时候，听到一句洞见，“一个人事业的成功决定于他和他父亲的关系，一个人身体的健康决定于他和他母亲之间的关系。”

我之所以能持续地精进和跋涉，来自于父母亲的大爱。

转眼间，来到了初三这个关键时刻。是考上县一中开启灿烂的未来，还是考上普通的高中——本校的第二中学，或是第四中学。传说中，第四中学是县城里最差的中学，去到那里只能等待着高中毕业，能上大学的更是凤毛麟角。还是选择去三中，三中是职业技术学校。但县一中的分数差不多要达到500多分，六门考试，几乎平均每门课目的成绩要接近90分，这对我简直是不可能完成的任务。

初三是一个奔跑的过程，经历了近乎窒息的中考后，我的初中生涯结束了。最终，我考了470多分，距离县一中的分数线还差50多分，接下来，我需要考虑报考哪所学校。

综合考虑之后，父亲推荐我去上粮食职业技术学校，这是一所中专院校。据说毕业以后可以包分配，这让我很是激动，心里不禁想到，此生总算是有着落了，如果能够捧着一份双包合同，就可以过上有保障的生活。

为了让我顺利入校，父亲找到他的大学同学，即当地一所中学的校长，请他陪同父亲一起去拜会粮食职业技术学校的校长。我很少看到父亲会求人，内心中不仅有一丝的愧疚，更夹杂着无奈、感动和不安。

最终，我如愿以偿地考上了粮食中专院校，从此走上了，烤鱿鱼、做馒头的厨师之路。

当时，整个学校只有两个班级。不过上学的第一天，还是觉得很新鲜。少年的心是如此地温润、饱满、细腻。

中专快毕业的时候，大家都显得非常地忙碌，有同学去当了兵，有同学忙着找工作。我的同学贺涛竟然找到了面粉厂的工作，很快就可以上班了。那天晚上，他非常兴奋，因为厂里和他签了一份担保合同，即一份有保障的合同。可是谁会想到，若干年以后，面粉厂也倒闭了。

贺涛是我唯一一个，既是初中又是中专的同学，非常遗憾的是他没有再考取大学。他是一个非常聪明的人，只是造化不够。而此刻的我还是很迷茫。

中专毕业时，我的父亲在电大教书，偶然遇到了前来招生的成老师。成老师是南京经济学院的招生办主任，她负责对成人高考学生进行扩招。通过她我们了解到，即使没有读过高中的人，也可以通过成人高考考取大专院校，这对我来说是一个好消息。不由得，我想起了我挚爱的女孩，我想起了我的未来，我再一次觉醒。

电光火石之间，我向自己发起挑战，并决定参加成人高考。这是改变的第三种力量——定力。真正的决定的力量，“决定”决定人生。心力是觉醒，原力是燃料，定力是钢筋混凝土的力量，可谓众力之门。

很快，我开启了电大补习班的旅程，每晚学习历史、地理、语文和数学等科目。上中专院校时，我学的主课非常之少，语数外学的是基础知识，油品面粉方面则比较专业。可是我对历史和语文有着强烈的兴趣，如痴如醉，为此我每天晚上都复习到很晚。火焰在我的心中燃烧，我要改变我的命运。

不久，我就参加了成人高考。最终，我考了310多分，远远超过成人高考的分数线。就这样我被录取到了江苏省经济干部学院，一毕业就开始了新的求学历程。

青春的岁月激荡，我迎来了大学时光。青春的葱茏、美好、激情，都在这里汇聚。入学的时候，欣喜、新奇、不安，都在心里荡漾开来。

男生宿舍是在二楼，我住在213宿舍，楼上313是女生宿舍。有一天，我的舍友用竹竿猛烈地敲击楼板，要求和313的女生进行对话。神奇的是，大家竟然联络上了，然后相约去校门口去吃面条，这是个不可思议的经历，再次证明了积极主动的价值。

开学没多久，学校举办了一次欢迎新生的联谊活动。我代表班级朗诵了一篇《青春》的小诗，整个过程充满了紧张、惶恐和不安。

青春是人的一生中内心最潮湿的季节，浅浅地踩过去，都是一排排的脚印。大学二年级时，我暗恋上了一个女孩。有一次，我路过学校操场，看到正在与她人打羽毛球的她。在电光火石之间，穿着黑色衣服的她，潇洒飘逸地接球，何其美哉！那一瞬间，我再度进入恍惚的状态，那是一种心神的陶醉和极美，我只能辨认和感受这种状态，却无法拥有，只能感谢神的恩赐。

大学，最重要的就是“折腾”。由于羽毛球比赛的失利，我决定参加学院举办的“爱我中华”演讲比赛，我是全班唯一一个主动报名参加比赛的学生，上台试讲的时候，我非常紧张，即使这样，我也硬着头皮，坚持了下来。对于演讲，我从最初的恐惧到真情流淌，这条路我走了20年。即使到了今天，我依然在持续地精进，不断练习演讲的技巧，直到圆融贯通，水银泻地。

整个大学期间，我一直保持着热爱体育运动的状态。为此我参加了拔河比赛、趣味运动会比赛、乒乓球比赛、羽毛球比赛。在参加乒乓球赛的时候，由于激动，我的心就怦怦乱跳，直到比赛结束。后来我才明白，一个人只有在面对挑战时，才会变得丰盈和强大。

多年以后，我发现许多成功者都有运动的习惯。例如，李嘉诚坚持每天7

点打高尔夫，霍英东热爱打羽毛球，星巴克的创始人霍华德曾经是橄榄球好手，黑人领袖曼德拉曾是业余拳击运动员。可以说，没有强健的身心，一切皆是枉然。

快毕业的时候，我找到了一份工作——卖啤酒。这份工作是隔壁南大英语系的老范同学介绍给我的，老范许诺老板帮他介绍一个南大同学来他这里工作，但是一时之间找不到南大同学，于是让我以南大同学的身份去应聘这份兼职工作。老板并没有过多地怀疑，于是我顺利干起了这份工作。

卖啤酒的日子特别好玩，需要我挨家挨户地去跑，面对着很多人的拒绝，我时常感到心酸，并体会何为世态炎凉。偶尔有一两个饭店的年轻女服务员对我态度很好，就会让我感受到这个世界的温暖。那时候，我蹬着自行车沿着北京东路一条街，挨家挨户地去拜访，虽然有些许的心酸，但我的内心也变得更强大。

经过一段时间，我逐渐悟到啤酒结款的方法，不能在该结款的时候才去，而是提前与客户进行交流，同时表示关心，问候。这样向客户结款就会顺其自然。因此我体会到了情感的重要性，即信任的价值。这是我人生中推销员生涯的第一步。

有一天，我从北京东路骑车回学校。途经玄武湖时，突然下了大雨，由于无处可避，我浑身淋湿如落汤鸡。当时，我突然心生豪迈，雨中吟啸，“我一定要在南京拼下去！”振臂高呼之时，雨水泪水混作一团，化为我内心的愿力——改变的第四大力量。愿力是心中之梦，众力之向。

转眼间，到了毕业之际，很多人陆陆续续离开了学校，宿舍里空空荡荡，有一种淡淡萧瑟。看到此景，我黯然神伤。我算是走得晚的，为此去送别了班上的“老大姐”。大姐上了公交车，一直在默默地挥手。那一瞬间，内心中充满忧伤。那一幕，一直印在我的脑海中。也是那一刻，我终于明白了什么是汽笛声声愁肠断！

职场奋斗

毕业以后我开始找工作，找什么工作呢？于是我跑到人才市场，发现那里人山人海，水泄不通。并且每家公司的招聘启示上都写着这样的要求：一是本科学历；二是有三年工作经验。我甚至连投简历的机会都没有。好在最后有一家公司面试录取了我，这家公司叫瑞伯特公司，主要工作内容是推销。挨家挨户去敲门，推销的产品是节能瓦、茶缸之类。

有工作已经是万幸了，于是我坐着公交车，在南京市漫无目的地去寻找客户，开始了一场艰辛的生存游戏。这场游戏仿佛一场在丛林中的酷战，我到现在还能够感受到南京那炽热的高温天。当然最大的挑战还是来自心理，即面对客户无情地拒绝。有一天，我运气非常不好，一上午一个产品都没卖掉。中午我坐在草坪上竟然睡着了，因为我不知该何去何从？下午醒来后，我抖擞精神，继续开始推销之旅，并鼓足余勇卖了六七个，一个产品的提成是20%，就是卖20元钱，我就可以赚4元钱。销售六七个我就能赚到二三十元钱，至少这一天有了生活费，吃一碗香浓的排骨面的钱总是有的。

有一天，我突然大发神威，一上午就卖掉了十几个产品。如果一天能够卖40个的话，就可以回公司敲铃，同时，公司有一个英雄记事榜，完成一天卖出40个产品的人可以把自己的名字自豪地签上去。为了把自己的名字签上去，那天我很卖力。我一直坚持到了九十点钟，还差三四个没有完成任务，为此我一直在大街上跋涉和游荡，不停地和出租车驾驶员、保安进行交流，试图让他们能成为我的客户，但事实上这很艰难。我累得连走路的力气都没有了，我倚在路边的自行车后座休息了一下，感觉好舒畅，整个世界都寂静了。这时，老大打来电话暗示我说，你今天卖了这么多，也赚了钱，那么你……我看了看身上的300多元钱，顿时明白了，我可以用自己的钱把那几个节能瓦给买下来。这样，我一天就完成了销售40个产品的任务。

那一天，回公司的场景，真是令人振奋。回公司的时候，已经是晚间十一点多钟了，所有伙伴都没有休息，他们脸上带着微笑，都在走廊热情洋溢地等着我，老大跟我热情地击掌握手，我记得我潇洒地说了一句，“别无选择，唯有成功”。然后在“英雄记事榜”上签下大名，接着就去财务室结账，算下我自己买的这几个，这一天估计也没挣几个钱，但这份成就感，真是妙不可言。之后，我回到公司的宿舍，辗转反侧。这使我更深刻地体悟到生命中的第六种力量——动力，你必须积极主动，才能打破记录。

有一天，我去宁海路拜访客户，38℃的高温，知了在鸣叫。我背着一个大包，正在一层一层楼地爬，突然遇到了一个保险公司的推销员，他也在拜访客户，我敲这边的门，他敲对面的门，煞是有趣。我们小叙片刻，就此别过，岂知天下之大，却无处不逢。

爸爸很想了解我究竟做了什么神圣伟大的工作，于是来到了南京。他去了公司以后，顿感这是一家皮包公司，便安排我再去找工作。我只好跑到人才市场再次开始找工作。这次是父亲陪我一起去，他去了以后，才知道找工作的艰辛。没有本科学历，也没有工作经验的人，基本无人问津。看到这种情况，爸爸打算撤退了，并拍拍我的肩膀说了一声，“好好保重”。

皇天不负有心人，找工作的过程中，我在人才市场看到一个神色友善的中年人，他姓钱，他对我说，“小伙子长得五官端正啊，很适合干这一行”。于是我怀着激动的心情参加了面试，并被录取了。后来我发现，原来所有面试者都被录取了。我进入了一家“神奇”的公司，一家世界五百强公司，中国人寿。

来到保险公司上班，一切是如此地新鲜。我们公司的地址坐落在南京的太平南路，一条古老而繁华的街道。我每天要蹬着自行车，从我大伯的家赶到公司。来到公司以后，我才知道这份工作没有任何底薪，一切的幸福都要靠自己奋斗。

培训时，我遇到那个在宁海路一起敲门的兄弟，他竟然是中国人寿南京公司001号服务人员，他姓佘。老佘看到我分外高兴，他说："我一定要跟老总说，把你要到我的这个组来！"他看过我的坚韧，知道我在炎炎夏日下的动力和愿力。

新人培训是五天的时间，培训内容是了解公司产品以及规章制度，其中的核心就是要建立自信。自信要如何建立呢？这是一道开放题，其中包括了你对产品的信心、公司的信心、自己的信心和未来的信心。

培训快结束的时候，我们公司请来了省公司的一位老师，姓闫，当时他已经是业务主任了。闫主任的分享非常精彩，他在梅山做陌生拜访时，挨家挨户地跑，因此很多人都认识他，他的奋斗历程给了我们新人很大的勇气和决心，让我知道，用双脚可以踏出一片自己的天空。

新人培训结束以后，就要开始进行陌生拜访了。我尝试着去拜访了一下路边的一些公司，发现这样非常不妥。因为公司里的人都在办公，第一没时间，第二他们的戒备心很强，如果没有有效的沟通方式，是很难和对方交流的。为此我陷入了深深的迷惘之中。

在酷热之中，我来到了夫子庙，在这里分发名片。在人山人海之中，开始自己孤独而漫长的求索之路。渐渐地，我发现在闹市区拜访客户是没有任何效果的，因为做推销的人太多了，根本没有人理睬你或关注你。于是我决定到我家附近的小区去碰碰运气，我家附近有一个小区叫来凤小区。那时候小区是没有门禁系统的，你可以挨家挨户地去敲门，去拜访。

每天晚上六点到八点是拜访的黄金时间，因为主人会在家，敲开门就有进门的机会。如果太晚，就会打扰客户休息。

我在拜访了一个月以后，担心的事发生了，当月业绩为零，一张保单都没有完成。在过马路时，神情恍惚的我，不知道何去何从。当时，我的脑海里反复出现了两个问题：一是做保险为什么这么难！二是接下来我该怎么办？大学同学小聚时，他们都问我还做不做保险了，我说："既然选择了，就绝对不能放弃！”

很快，真正的奇迹出现了，当我去拜访来风小区的一位大哥的时候，与他建立了良好的关系。他非常健谈，一直在聊有关健美的事，以及去泰国旅游的趣事。我几乎没说什么，一直在耐心地倾听。当我第二次去的时候，竟然签下了我人生中的第一张保单——360元的保单，从中获得了珍贵的100元佣金。

这一次的经历，让我明白了聆听对于沟通的重要性。因为每一个人都是以自我为中心的，就像在观看毕业照的时候，都会先看自己的照片。因此，要对他人表示出真诚。正如卡耐基在《人性的弱点》中所说的：“每一个人都要对他人表示最大的善意的关注和兴趣，那么他这一周内所交的朋友，能超过他这一生中所交到的朋友。”

经过一段时间，我逐渐摸索到了规律，又签了几张小保单，客户都是来风小区的。期间，我还签了一张1080元的保单，客户是一个银行的行长。后来我们也成为了不错的朋友，从他的待人接物中，我学习到很多。我第一次完成了公司的考核任务——2000元业绩。为此我不仅拿到了底薪，同时还拿到了奖金，共700元钱的工资。

渐渐地，我每月的收入从700多元涨到2300元，持续增长。九月是非常幸运的一个月，有一天，我在南京城南门西老街做拜访，当时天气很热，我看到一个中年人，在一个店里喝啤酒，喝的是青岛啤酒，我知道青岛啤酒比金陵啤酒要贵很多。同时，我还发现他腰上别着手机，1996年，有手机的人都是厉害角色。

于是，我鼓起勇气走到店门口，说道：“您好，我可以和您交流一下吗？”这位中年人说：“可以”，并邀请我进屋。走进屋子后，发现屋里摆放了很多与养鸽子有关的奖牌和奖杯，甚是壮观。经过交流，我了解到他姓李，李老师非常厉害，从一个国有企业主动辞职，在养鸽子方面，自学成才并成为世界冠军。自学下象棋，并获得化工系统的第七名，是一个情商和智商都相当高的人。

第二次去拜访李老师时，他刚好有一笔借款没有收回来，觉得办这份保险还是有压力，我说，“您今天钱没有要回来，还能如此地淡定和从容，真的让晚辈我非常钦佩。”他听完这句话，点头赞许，一下交了5000多元的保费。那一天，我成为了公司的“今日明星”，我的名字被写在了公司的明星板上。加上我之前做了一个600元的保单，加在一起就是6000多元的保费。那天，很多同仁都跟我打招呼。这一天对我而言，是如此美妙。

我是中国人寿南京公司招聘来的第六批员工，半年多过去，当初的那批新人里只剩下我一个人。

做销售的日子是很苦的，不仅身体上要经受高温的炙烤，心理上还要承受客户的拒绝、漠然。有一位同学跟我说，一位金同学听说我在卖保险，对此表示鄙夷，并潇洒地说，“我宁可什么事都不做，也不做这么丢脸的工作。”这个世界上很多人就是太爱自己的面子，以至于他永远达不到一定的高度，并很难成功。

到了1996年底的时候，工作量略有下滑，业绩也开始下滑，收入自然下滑。这个世界绝非偶然，没有因，就不会有果。因此，菩萨畏因，众生畏果，万法皆空，因果不空。

幸运的事情发生了，公司有一位陈大姐，名为依群。依群大姐长着鹅蛋脸，非常和蔼可亲。当时有一些销售人员离职了，因此留下了许多“孤儿”客户，但这部分“孤儿”客户保费的续交工作没有人来做。因此，公司成立了客户服务部，专门解决这个问题。幸运的是，陈大姐是客户服务部的主管，她觉得我很靠谱，就将我调进了公司的客户服务部。感谢慈爱的陈大姐赏识，爱的光芒在我的一生中萦绕！

多年以后，当我坐在中欧的课堂上的时候，我听到忻教授介绍说，“如果一个年轻人，在他的第一份工作中能够受到赏识的话，那么他的内在世界将会迸发出巨大的信心，他对人性将充满希望。这份爱的光芒会萦绕着他的一生，让他温暖如初。”这也使我认识到生命中的第七种力量——合力。合力是众力之和，有无限想象空间，全在你如何运用。

我从没有底薪的日子，到开始能有一些相对稳定的收入，微微欣然。我继续骑着自行车穿梭在大街小巷。印象最深刻的一次是，我骑车到双闸镇去收一笔“孤儿”单，骑到七路底站时，依然还要再蹬一个多小时的自行车，才能到客户那里，地方非常偏远，再骑回来又是一个多小时，累得够呛。

这是燃烧青春的岁月，因为心中充满着光，虽然收入断断续续，偶尔有青黄不接的时候。但是有梦的岁月，追逐的时光，总是美好的。

渐渐地，我陆陆续续开始讲一些专题，主动地做一些分享。有一天在早会的时候，我带了很多书来，拿破仑·希尔的《思考致富》，卡耐基的《人性的弱点》，罗宾的《一分钟巨人》。同仁一时甚为惊奇，把我誉为潜能小子。意思是，我是一个能够开发潜能的人。当然，人的一生中就是要不断地开发自己的潜能，就像稻盛和夫所说的，“能力要用将来进行时，而不是现在时。”

智慧绝对不会来自于填鸭式的教育，而是来自于翻转式的学习，此刻，我们就要启动生命中的第五大力量——智力，即智慧的力量。智力是众力之势，航海之舟，为你保驾护航。

智力的力量有三个关键要素，如以下三点：

智力的第一个关键要素就是自我发展，自我学习。

工作后，我一直住在南京老城南的大伯家，也是我爷爷奶奶的家。狭小的厢房里只能放下一张床，床上有一个木架，上面摆满了书。我如切如磋、如琢如磨地追寻着生命的秘密，从《不要为小事抓狂》读到《心灵鸡汤》，从黑幼龙读到了梁实秋。我的文学和商学水平开始略有沉淀，这段经历为我后来做讲师工作打下了基础，我渐渐意识到文学、哲学、史学、商学，才是我们一生中的基石。

智力的第二个关键要素就是要学会思考。

在1998年的时候，公司开始聘请台湾保销集团的优秀员工来公司讲课。非常幸运的是，接受了许多保销集团的训练后，这使我对人生有了全然不一样的感受。我开始了解什么是曼陀罗？什么是心智绘图和思维导图？有时候，在人生面临抉择，在难以做出判断时，我会进行静静的思考，然后拿出一张白纸，写下自己的想法。这样的思考方式陪伴了我许久。

智力的第三个关键要素就是，一定要在经历中学习。只有真正地演讲过，才知道如何演讲；只有真正地带过团队，才知道如何坚持原则；只有经历过考验，才知道什么叫浴火重生。

1998年，我记得我在家门口的操场上呐喊："我一定要成为公司的讲师。"这是心力和愿力的交汇。没想到，愿望实现了，公司竟然真的找我谈话，把我聘为授权讲师。授课的过程，是一次思想激荡的过程，更是一次不断升华的过程。1998年，我就被升任为业务主任，成为部门负责人。1999年，我晋升为业务经理，分管的业务团队人数达到了六七十位！

我当时还不知道，小善似大恶，大善似无情。不知道高关怀要对应高要求，更不能勇于指出员工的错误。因此，整个团队一盘散沙，并没有形成真正的战斗力。多年以后，在我阅读《领导力21法则》时才明白，领导力的第一个法则就是盖子法则：你是一个盖子，会盖住你的团队而无法成长。

在做销售的过程中，你要以客户为中心。而带团队的时候，你要引领团队，以原则为中心。对待牢骚满腹的员工，要勇于指出他的问题，大家要坦诚相见，要帮助其树立正确的人生观和价值观，这才是真正的善念，这才是真正的领导者。

当时，我们部门和邻近的一个区的部门做PK，刚好是国庆节，我们团队的成员就休息了几天，在闲逛的时候，看到对方部门的老大，正在路边摆咨询台，这是当时保险公司拓展业务的一种方式，这让我感到非常的羞愧。那次竞赛，我们完全被甩了一大截，这更让我明白“天下没有免费的午餐。”

我的销售技巧日益成熟，我逐渐明白了销售的根本是发问，即通过SPIN发问技巧来引导顾客的需求，就是通过状况、问题、暗示需求、满足这四个维度的问题进行引导，让客户对自身的需求更加清晰，进而产生强烈的购买欲望。

在2000年的时候，我的心态不是太好。我对公司的机制和运作模式产生了怀疑。于是我跟领导有了一次小小的顶撞。结果我的经理位置就没有了，进而这件事情引发了一系列的连锁反应，我的引荐人老冯也辞职了，这让领导非常地为难。

南京公司的副总特别到公司来了解情况。我们部门的负责人也很紧张，一直坐在旁边旁听，生怕我出言不逊。现在回想起来，自己还是很不成熟，年轻气盛，心高气傲，不知天高地厚，以致于撞得头破血流。多年以后，我才学会运用生命中的第七种力量——合力。

后来，公司也给了我一个台阶，让我去做专职讲师。于是，我从销售一部离职了，转到公司的培训部去做专职培训讲师。当时，我是一级讲师。赴任以后，结识了部门经理——祝经理，祝经理是中国人民大学毕业的高材生，而且出口成章。祝经理一开始对我不以为意，几次发言之后，对我很是欣赏。没多久，我就晋升为二级讲师，当时十几位讲师里面，只有4个人是二级讲师，为此我很是骄傲，因为我是唯一一名较为年轻的二级讲师。

没多久，公司在苏州干校举行了一个为期15天的讲师训练营，因为我要为雨润集团讲课，故此晚到了两天。来到训练营后，我了解到回答老师的问题可以为小组加分，但是大家都不积极回答问题，为了拿到高分，我积极回答老师的提问，我的状态也感染了全组。最后，我们小组拿到了团队亚军。培训结束后，队长进行总结，说道我来了以后，团队气氛都被带动了！在讲师的个人秀比赛中，我一路试讲，披荆斩棘，最终拿到了演讲冠军，并被评为优秀学员。

我在苏州保险干校训练回来后，便代表公司在东南大学向全体同仁做了有关新条款方面的培训。东南大学的礼堂很大，参加培训的人很多，尽管做了多场培训，我当时还是紧张了。为了缓解紧张，我把刚买的诺基亚手机别在腰间，以示我的派头，但似乎并没有奏效。事后，我写了一首小诗，为很多寿险同仁所引用。

这首小诗是：

我祝愿贫穷的朋友富裕。
我祈祷富裕的朋友健康。
我祈福健康的朋友长寿！
我全身心地努力，让世界充满爱！

这是我生命中的一次巅峰时刻，也为我多年以后走上演讲和专业讲师的道路奠定下基石。没有人会预知自己将来要做什么，生活就像海浪，把你推向一个个未知的远方。

回想起在中国人寿做营销的岁月，我常常会想起那一个个披星戴月的夜晚。在万家灯火中，我挨家挨户地去拜访，不知道会认识谁，不知道会遇上谁。记得有一天签完单，走出客户的家门，我站在楼道里，看着万家灯火，突然有一种感动，还有一种惆怅：一个个幸福的家庭都亮着灯，而我的家又在哪里？我的家人又是否知道，我孑然一身穿梭在这大街小巷之中。

我非常感谢在中国人寿所经历的一切，因为它使我明白了，一个人只有做到了真正的自律，才能够拥有绝对的自由。而这份经历使我有机会站在台上去表达自己的思想，展现自己的生命。

偶然的机会，我去南大听一门课程，遇见了培训业的雪儿老师，并且有幸被雪儿老师邀请至她所在的企业进行参观交流。在交流过程中，她邀请我去中国移动讲课，而且是去遥远的开封。但是一天的出场费是2000元，这让我怦然心动。开封市有四个县城，分别是兰考、尉氏、通许、杞县。如果把这四个县城的课程全部讲完，我将会获得8000元。

最重要的是，4天的收入，几乎相当于我过去奋斗一个月的收入。于是我毫不犹豫地答应了。我开始细心地准备课程，准备以最好的状态开展培训课程。虽然不能打100分，但我顺利地完成培训，并且在第二、第三个月持续这样的状态。

人生拐点遇贵人

截止到2006年5月，我在南京已经整整奋斗了10年。这10年我几乎没有太多的存款，也没有任何资产。这10年的漂泊，唯一积攒下来的就是经验和能力，如，我能讲课，能营销。当时，我甚至都怀疑自己还能不能破茧而出，感觉自己就像电影《肖申克的救赎》中的主人公一样，被困住了。

后来，我在一位老客户的书架上看到一本书，是哈佛大学教授所写，书名让我怦然心动——《随心所欲才能够成功富有》。书中写道：如果过程不快乐，到达结果也不会快乐。我终于明白：每个人的生命是不一样的，各有各的精彩，而我的优势是演讲和教育。我为什么要去搞不擅长的销售？在这个世界上，每个人都是与众不同的。你要知道你自己爱什么？需要什么？可以创造什么？能够放弃什么？

略有所思后，我豁然开朗。我开始思考我人生的定位是什么？

一次偶然的机会，在同事雪儿老师那里，我遇到了我人生中的贵人之一——钱老师。钱老师是深圳聚成公司的一位高管，一番交流之后，我发现钱老师身上有太多值得我学习的地方，经过他的指点，我知道自己遇到了发展瓶颈，此刻需要做出改变。当然，值得一提的是，这个聚成公司更是一个有发展前景的公司，它的总部在深圳，在近两年的时间里，业绩飙升至亿元。

由于当时我所在的长松企业在企业管理方面遇到了很大的竞争和挑战，公司内部管理混乱，加之我没有完整的销售系统，导致业绩逐步下滑，身边的同事也开始另寻出路，而我更是倍感迷茫。在这种境遇下，遇到了钱老师，我仿佛找到了奋斗的目标。我想我可以去聚成工作，跟着钱老师并肩奋战，一定可以有所成就。于是，我果断辞掉了在长松的工作，经钱老师的引荐，顺利进入了聚成。

在聚成，我仿佛重新找到了方向、梦想。

来到聚成，我担任了聚成在南京的分公司培训部经理一职。然而，来到这里，也意味着一切需要重新开始。在看到我小小的隔断办公室之后，心里不免咯噔一下。不过，在与团队部门的小伙伴们聚餐之后，让我感到欣慰的是，团队的小伙伴们都是朝气蓬勃的，心是朝着一处使劲的。我在心里暗下决心，有人气，将来一定可以坐到宽敞明亮的办公室里。很快，我就与小伙伴们融为一体。

在聚成，我还是避免不了要做一些营销工作。很快，我就售出了一张学习卡，客户是瑞中宝公司，并且是源自多年兄弟的支持。当然，我也很感谢他。

巧合的是，我很快发现公司的陆总，曾经是平安保险公司的一位同仁。多年前，我在徐州国寿讲课的时候，曾经跟他同台演讲过，一转眼，他已经是聚成南京公司的总经理了。

不仅如此，公司里的总监、首席讲师，有很多都是来自于保险行业，这让我倍感亲切，同时又暗自庆幸自己来对了地方。这段岁月是非常值得珍惜和记忆的。仿佛，命运被轮回一样，一切又从零开始。

有一次，公司派我解决奥迪汽车4S店的客户办理深度学习产品的问题。这个问题有些棘手，我当时心里是非常忐忑的，但是不服输的个性告诉我，没有什么可怕的，不去试试，怎么知道不会成功呢？去公司之前，我了解了客户的资料，原来这位客户交了定金，但是不想再办理任何深度的学习产品，公司希望我能说服这位客户继续办理深度学习产品。在做了准备之后，我亲自登门与客户进行沟通和交流，在对其讲解了学习产品的各种好处之后，我也发挥了多年从事保险行业的销售经验，说服了这位客户继续办理学习产品。事后回想起来，这几年的销售经验到底派上了用场。

当然，我来聚成的目的不是做销售，而是做培训讲师。很快，我就争取到了做培训课程的机会。渐渐地，我的客户从最开始的怀疑和犹豫，到课程结束时，对我表示深深地认同。同时，又为我转介绍了很多的学员。我的培训课程涉及了多种类型企业，如制造型企业、服务型企业等。令我倍感自豪的是，我受邀来到LG集团进行《情绪管理》的培训，LG集团对我的培训效果非常满意，因此推荐我去集团旗下的LG熊猫、LG等离子等各部门进行培训。在这段时光里，我栉风沐雨、日夜兼程。同时我的培训能力也得到了飞速提升。回想这段时间的足迹，我踏遍了各种各样的企业或场合，如恢弘的港口、雾蒙蒙的水泥厂、可爱的幼儿园、水漾的游泳馆、缤纷的美容院等。当然，也去过南京周边的小城市，并一个人赶末班车回来，在夜深人静的时候，享受着一个人的孤独，感受着别样的寂静和壮阔。

此时此刻，七种力量交织在一起，走出迷人的旋律。

职业讲师之路

大量的内训，让我开始逐渐走向了职业讲师的道路。2007年春节的时候，我跟一个兄弟在南京的珠江路一起吃饭，我们共同聊了彼此的发展状况，又聊了对未来的畅想。此刻，我感到满足和欣慰。看着熙熙攘攘的人流，我感到分外安宁，因为我看到了生命的曙光，也终于明白了我的天赋和热爱究竟是什么？我的人生应该何去何从。

当时，聚成公司对于培训师制定了系统的训练体系。每个月，培训师都要飞到深圳参加研讨会，从而接受训练。这些训练对我研究演讲学和商学起了补充和推进作用，让我更加深刻地理解了什么是演讲？

2007年3月，公司举办了一场全国讲师高峰论坛会。在这场论坛会上，公司推出了一个全新的产品——华商书院。这个产品的学费高达15.8万。公司希望从现有的讲师中，选拔出一批能够对新产品进行推广的培训师。在进行推广之前，培训师要想获得免费学习和推广产品的机会就要参加演讲比赛。所有分公司的总经理和培训师都可以参加，据统计有近百位同仁，可见竞争的激烈程度。公司把这些参赛者按人数进行了分组，各小组先进行比拼，输掉的小组将被全员淘汰。最终，各小组决定选取一位人员进行参赛。

经过一轮轮的预赛、半决赛，我成功杀进了决赛。由于具备多年的演讲比赛的经验，我的内心比较平静。因为我当时关注的是怎么把内容讲好，而不是一定要拿到冠军，反而整个人比较放松。当你怀着冠军追求的时候，你的心情会有较大的起伏，而当你将你的关注点都放在内容上时，你会更加从容地进行发挥。

每个老师都竭尽全力，我当然也是拼尽全力，在总决赛的时候，我挥洒自如地进行演讲。不曾料到，我竟然获得了演讲比赛的总冠军。我当时激动无比，简直不敢相信自己获此荣誉。在获悉结果后，公司的陈总裁给我写了一个纸条，内容为“语调起承转合，将来必成大师”。时隔多年，我仍记得纸条的内容，并一直谨记心田，不停地勉励自己。夺冠后，我获得了一个华商学院的学习机会，也被邀请为华商学院五期的班主任。

培训是我的兴趣，也是我所热爱。在这条路上，我一直乐此不疲。随着时光的推移，我逐渐感到仅仅做一个培训师是不能和企业进行深度链接的。此刻，觉醒之光再度闪现，我开始思考如何拓阔自己的培训知识面。经思考后，我决定开始做一些企业的人力资源咨询案。于是我在上海交通大学选修了人力资源专业。周六，我会从南京赶最早一班火车去上海，进而去学校上课。在当晚就赶回去。周日，我再赶早班火车去上海学习。随着咨询业的快速发展，我开始涉足企业的咨询案，并积累了深度服务咨询案的相关经验。期间所涉及的企业有七色坊、回味等行业标杆企业，并且成就感十足。当然，要想开创自己的事业，仅仅满足眼前这点成就是远远不够的。要想成就一番属于自己的事业，你的胸襟、格局、眼界、智慧，都要发生改变，这才是决定你能否成功的关键。

2012年，我对日复一日的单调生活，感到窒息。这时，我的内心再度觉醒，我做出了一个改变我后半生的决定。我决定去上海重启我的培训生涯，并且是举家搬迁。这对我们全家来说，都是一个重磅消息。人在一个地方生活久了，难免会陷入舒适安逸中，要是换一个全新的环境，对每个人来说都是一种挑战。尤记得，那一年，父亲特意从老家赶来，帮我搬新家，当大卡车装满了我所有的东西，即将呼啸而过时，我一回头，看到了父亲正站在路边望向我，父亲戴着黑框眼镜，一头白发早已被风吹得凌乱，这个场景让我眼泪直流。

几年前，我们全家回到了南京市六合县的老家。在即将返回上海之际，父亲执意说六合通了地铁，他想让我们坐地铁回南京，再从南京做火车转到上海。虽然有些麻烦，但我们也欣然接受了他的提议。于是他跟我们一起上了地铁，又把我们送到南京南站。临道别时，我回首看他，走了几步又停下，我看着他步履蹒跚的背影，不禁泪水浸润了眼眶。我走上前问他为何停步，才知道他是给妈妈报个平安，我总在想我这一生哪来的如此的大福报，遇上了这样一位智慧博学的父亲，同时他也有着大爱慈悲。他时常写信告诉我，笔耕不辍的“辍”，不是“缀”，而是车字旁的“辍”，天下没有任何一个人对我是如此地细心和珍爱，我就是他的天下。育良鞠躬感谢！感恩父亲生命中的爱和守护，您是我生命中最美的光！特赋小诗一首，感怀感谢。

最美的光

小时候，我在校园长大，
那么的宁静、祥和、安宁。
青青芬芳

尽情奔跑！
父亲是语文老师
慈祥如海，儒雅如玉
有一天，我在学校自习
高年级的同学说
黑板上就是你爸爸写的板书
字，真美
圆润饱满，纵横捭阖
这一生
我也写不出这样美的字
但是
我会用心
写一个大写的人
正直、博爱、谦恭
求道、明礼、问学
像一束光
唤醒人、温暖人、照亮人
教育如此殊胜
生命如此丰盛！
感谢生命中的好老师！
祝天下的老师节日快乐！

2012年至2013年，我在上海全职奋斗了两年。但是在这两年的时间里，我深感自己在人力资源咨询方面的底蕴和深度不够深厚，为了丰富自己在咨询方面的知识，我决定深入企业一线进行实操接触。为此，我接受了一家年营业额

10亿的企业向我发出的邀请。该企业邀请我担任企业人力资源部副总裁。因为我深知：只有经过不断地沉淀和积累，我作为一名咨询师在为企业做培训时，我的课程内容才能更有力度、强度、厚度，而且实操性更强。如果没有一线实操经验，我的课程体系将略显空洞。深入企业一线，可以让我在人力资源领域，做到知行合一，融会贯通。

由于培训师的工作一直在进行，而这个企业又不在上海，如果二者都想兼顾是很辛苦的一件事。在对企业有了更多接触之后，我决定放弃人力资源副总裁的职务，重返上海，全职做教育培训工作。在这个期间，我还报读了中欧国际工商学院，不断地进修，最终拿到了硕士学位。我一直热爱阅读和写作，因此不停地沉淀自己，在2010~2020年期间，出版了《演说的秘密》《成长的秘密》《爱是唯一的答案》《合伙时代》《股动人心》《人生下半场》《股权36计》等书籍，而这本《改变的七大力量》也即将出版问世。

回首这17年的教育生涯，从最初的忐忑不安到从容淡定，从热血澎湃到激情内敛，从局促矛盾到挥洒自如，人生是一场问道的道路，凡是过往，皆是序章！我们在路上，我们正年轻！

2012年，我和伙伴们选择了知识体系咨询化这条道路，继续学习。当然，如果不能转换成工具的知识，将失去效力，一切的培训，如果不能落地，将失去意义。2016年，我与伙伴们创建了智赢未来教育咨询公司。2017年，我们又成立了匠言（上海）管理咨询公司。我们公司的使命是“让学习真正落地，让改变真正发生”！当然，企业的创立并不容易，我们经历了很多，此处就不做过多讲述。2018年，我们建立和打造了自己的服务团队，感谢同仁鼎力相助，感谢学长信任。2019年1月，我们成立了匠言（成都）管理咨询公司。2020年，面对席卷全球的疫情，给我们带来了巨大的挑战，但是我们不会害怕和退缩。人生从来没有容易的事，扛住、捍卫、飞扬。

什么是创业？即每天都是新起点。什么是创新？即每天都有新发现。

回想我过往的人生，我感到无比幸运，并对生命充满感激！

冥冥中，我在无形中运用这“七大力量”改变了我的人生，并在心中祈愿每一位读者都因这“七大力量”而受益无穷，进而创造自己独一无二的人生。

再次回顾这七大力量！

第一种力量：心力

每个人的生命都需要一道光，光能让你蓦然回首，而且这道光是你的心念，一念天堂，一念人间。念念不忘，必有回响。

第二种力量：原力

在被光唤醒之后，你需要开启你生命中的燃料，即你的“石油”。这个“石油”就是你的爱，因为只有爱才能生生不息。

第三种力量：定力

当你启动你生命中的能量的时候，你需要宣誓，你需要歃血为盟，你需要做出真正的决定，以此为志，以此为铭。

第四种力量：愿力

你需要看到你生命中的灯塔，你将要去向何方？即生命中的彼岸。因此开启你生命的愿力，学会运用愿望的力量。这是一种伟大的内在动机。当心力、原力、定力和愿力四力汇聚之时，这股力量将汇聚成你内心的强大洪流。

第五种力量：智力

你需要深度思考，规划你的航海图。你将如何穿越茫茫大海，抵达成功的彼岸。此时，你需要智力，即智慧。

第六种力量：动力

当你启动了生命中的智力的时候。你需要坐言起行，开启源源不断的动力，为此你要真正地出海。在航海的过程中，你要充满愉悦，你要每天精进，你要养成习惯。当智力、动力合二为一之时，这股力量就组合成了你的力量，一种可以开山劈石的力量。

第七种力量：合力

在航海的旅途中，你不能孤单一人。你需要协力，你需要合作，你需要群智涌现。如果有一艘艘帆船能和你结盟，你将会形成你的联合舰队。这样你才能够抵御惊涛骇浪，你才能够抵达你心目中的圣殿，一睹那无穷无尽无边无际的光芒。

爱默生说："我们的过去和未来，和我们的内在相比，根本不值一提！"佛家有一个词叫"照见"。照见就是能够不断地觉察自己，当我们审视自己的时候，我们发现我们的生命原本可以释放出更大的光彩，拥有更大的、无限的可能性。感谢我伟大而平凡的父母，感谢我一路上的贵人、智者、恩师，你们是宇宙中最美的光……

祝福你，爱和光与你同在！拥有不断改变的人生旅程！

附录二　游历篇

游记【逆境重生】

中欧学习周年庆，决定登富士山，在日本，据说只有真正的英雄，才能登上富士山。10个日本人中，8个没有徒步登过富士山。作为一个中国人，我想我们一定要做到，绝不能放弃。

某日上午我们拜会了日本瑞穗银行国际部部长言他，偶然间聊到富士山，他表示自己没有攀登过富士山，对我们的攀登之举，深表尊重和羡慕。

我的高中同学，定居东京20年，而且是做旅游业的，对我们攀登富士山感到无比惊讶，因为他自己都没有登过富士山。

富士山是非常原生态的，没有修建任何的索道，对于地球上的每一个人，它都是公平的，你必须凭借体力！

我们的车子一直开到了五合目，大概海拔在2000米左右，高度是3776米。

因为想要看凌晨的日出，我们选择了一个通宵行程，从下午五点出发，一直爬到了晚上十点，中途岩石并立，有几段险途，于是大家手脚并用，相互激励，经过了5小时的艰难困苦，终于抵达八合目。抬首仰望，银河是如此地璀璨，北斗七星触手可及，苍穹大美！

此时，已经有五六位同学出现了高原反应，在体力已近极限时，少部分同学选择原地休整，大部分同学短暂的休息之后，选择在子夜12：30去挑战冲顶九合目。

事实上，我真的没想到爬富士山会这么艰难，山顶有很多火山灰，一脚踏上去，进一步还要退半步，几乎每走10分钟，大家就要休息一下。由于一夜没睡，有的同学体温在下降，登富士山最大的风险不是骨折，而是体温下降，我们也看见救援队在路上抢救遇险者。

终于在凌晨4：00左右，我们平安抵登山顶！百感交集中，回首望去，登山者的头顶灯在暗夜中蜿蜒如线，星光闪烁，不禁感慨人类的伟大精神，为什么要登山？“因为，山在那里！”

凌晨4点半左右，地平线开始放光，霞光掩映，太阳像一颗鲜活的蛋黄，悸动着，跳跃出地平线。亘古的文明在一瞬间永恒，欢呼声此起彼伏，这种喜悦如此满足，溢满心田！在短暂的兴奋和极致的激情后，接下来要面对的是残酷的现实！

下山大概需要5个小时，2小时以后，我们的膝盖已经非常酸痛。

更痛苦的是，路上竟然没有卖水的！

在经过了漫长的挑战后，我们终于回到了五合目，忽感这是莫大的享受！

暴走13个小时，通宵战斗，中途几近崩溃，诸多感受，涌上心头！体悟良多，分享几点：

（1）团队和持续

如果没有团队，谁也不敢相信自己可以孤身一人完成如此艰难的行程！这使我想起长征中非常有名的一句话：“跟着走”！半山腰时，每走百步，已然气喘吁吁，但每一步已然接近终点，只要一步步走，不可思议，竟然登上峰顶，领略了日出之美。

事业亦是如此，不要小看这一步，“跟着走”，只要坚持，亦有可能。

（2）方法

登山需要强大的意志力，但是方法也非常重要，比如保持节奏、深呼吸、喝水……

（3）体能和驻足

平常有运动习惯的，跑戈壁的人完成此行程会更加从容，体重过重的人，会很惨。

生命需要准备，不能无所谓。

人的能量是有限的，如过分冲刺，行短途已力竭而止，估计1小时也撑不下去，但一旦注意休整调整，持续之后，则力量无穷。

生命亦如此，不急冲，不止息，不气馁，虽远必达。

（4）纪律

登山的向导反复强调，不能超过他，必须保持队形，在八合目，有团队出发过早，向导要求立刻回到原地，重新攀爬，这令人难以接受，但这正是活下去的保障。

（5）工具：

爬山，需要专业工具，登山鞋、顶灯、手套、冲锋衣、羽绒服、高热量食物、护膝。

工具代表了实力，工具的准备，来自于了解现场，了解流程，最重要是经验和专业。

生命史上第一次如此高强度、高节奏的跋涉，大致如此！

日本游学经历——菊与刀

今天，踏上日本游学的旅途，从上海来到了福冈。福冈是日本的第四大城市，九州首府，在日本具有非常高的影响力，人口也达到了500多万。福冈的樱花是日本樱花最早盛开的城市，我们期待着和樱花来场浪漫之旅。

1小时20分钟，飞机就降落在了福冈。紧接着，下了飞机以后，同学们分成了六个小组、三个大队进行团队的研讨和学习，分别有“匠心队”“匠人队”“匠言队”“匠梦队”“匠和队”“匠品队”。

樊总早早来到机场等我们，樊总已经和我们合作了两次日本国际游学，其用心付出非常之好，是我们多年的老拍档。

车子一路开到了别府温泉，是福冈最好的温泉所在地。一路上，大家在车上自我介绍，欢声笑语络绎不绝。

日本，为什么能诞生70多家世界500强？日本曾是全世界GDP排位的第二名，又是如何做到的？是由于丰田的精益管理，还是由于京瓷的阿米巴？是源于6S管理，还是源于看板管理？值得我们深深地去探索。

晚宴在别府温泉举办，酒过三巡，大家都感受到日本美食的精致和用心，大快朵颐，言谈甚欢，便相约一生游学，共进大美。

每一个同学的观察点都是不一样的，有从事塑料行业的校友，发现了塑料袋的精致、韧性、超薄；从事健康护理行业的同学，感受到了日本护理行业的用心、专注、专业。

每个人看问题的视角不一样，因此收获也不一样。每一个点汇集成一条线、一个面，让我们的成长如此地丰盛和壮阔。

百年匠心

今天上午，我们来到了地狱温泉，但是为什么叫地狱温泉呢？因为它是蓝色的沸腾的温泉，仿佛地狱一般。到处可以看到地狱的词语，真是莫名的惊悚和有趣。

早樱已经盛开，和植被相映，远山、绿湖、睡莲朵朵，构成了一幅宁静的自然美景。

日本是一个非常感性的民族，是一个把食物端上来的时候，一半的食物不能吃，而是用来欣赏的民族。同时，在园林艺术方面已经达到了非常高的造诣，充满着美感和艺术。

下午，我们参访了安川电机，这是一家世界级的企业，在机器人领域已经达到了全世界的先进水平。走进安川电机，其地面的雅洁让人叹为观止，现如今，安川电机的销售额已经做到了5000亿日元。

在播放安川电机的企业宣传片时候，就感受到了安川电机强大的使命：为了人类的幸福，为了机电一体化，为了创造新价值而奋斗。师出有名，大义名分，才使得安川电机成为了一家已经生存了105年的企业。

机器人的体验和互动的感觉，非常之美，非常之好。其敏捷性、智慧性已经达到了一个非常高的巅峰，比如机器人可以拼魔方，机器人可以帮助瘫痪的人站起来走路，机器人可以实现很多人类所无法想象的愿景。

参观工厂时，安川电机在机械化程度上、自动化作业上都有非常高的造诣。令人感慨的是，一路走过去都有奖赏的约定和要求，有董事长雕像的奖状，各种管理的表格一应俱全，可以看出安川电机完全处于良好的管理状态。

百年匠心，孜孜不倦。安川电机从一个做马达的公司成长为一个世界级的企业，来自于持续不断地精进和奋斗。天下没有一件事情是容易的，天下也没有一件事情是困难的，只有坚守初心，持续精进，才可以创造出更大的事业和伟业。祝福你我，祝福彼此。

樱和鹰

今天是游学的第三天，一大早我们去拜会了新日铁——世界500强，排名180多位的企业。

走进新日本制铁公司，看到了桌子上摆着绿色的安全头盔，井然有序，厂房里铁路是专门为新日本制铁公司的钢铁运输而建的，相应的设备都是庞然大物。

在观看企业宣传片的时候，企业负责人谈到了铁是人体血红蛋白的构成元素，谈到了铁是宇宙中的矿石，对产品的热爱可见一斑，言及要守护熊熊的钢铁圣火，可见其内心的使命感。在企业负责人分享产品的时候，其话语非常的准确、简洁和务实，功能详尽。

在参观流水线的时候，我们很难触及根本，毕竟我们对钢铁行业是完全的外行，在王斌学长的介绍下，对其清洁能源的开发，整体最大化的效率，有了一个初步的感性认识。

100多年来，专注、精进、执着的精益求精，以及技术上的改良，这或许就是我们所感受到的匠人之魂。

新日本制铁公司以钢铁事业为核心，通过创造和提供丰富的价值，为产业的发展和人们的生活做出贡献。

新日本制铁公司经营理念：

（1）持续成为与社会共生，被社会信赖的集团。

（2）坚持不懈地挑战技术的创造和革新，以技术引领世界。

（3）领先潮流，以更大的进步为目标，致力于自我变革。

（4）培育人才，活用人才，以形成充满活力的团队为目标。

新日本制铁公司是日本跨国公司，日本最大的钢铁公司，也是世界大型钢铁公司之一，总公司设在日本东京。新日本制铁公司前身是于1897年建成的官营八幡制铁所。它不仅是新日本制铁公司的发祥地，还是日本钢铁工业的发祥地。

下午，我们来到了福冈樱花盛开的公园，去感受湖光水色，两岸的垂柳畔、草坪上挤满了来野炊的人们和孩子们，在这春天的时刻，人们奔放于樱花之间，有深红色的樱花，浅白色的樱花，花团锦簇，恣意汪洋。虽然樱花只开了三成，但其中带给我们的喜悦已经溢于言表。

在公园散步时，大家看到空中盘旋着许多鹰，导游说这是吉兆。在绽放的樱花之间，你会感受到一种诗意的美，在你的心中盛开。

晚间，我们坐飞机赶往东京，来到机场，感受到托运行李的高科技以及领取行李单的便捷及高效。晚间我们下榻在东京位置极好的酒店，东京由于樱花季酒店已经上涨，价格非常之高，我们住宿的酒店已经达到了惊人的3000元人民币一晚。

大家有小组研讨学习，也有外出夜宵探访东京的风土人情，各取所需，各安其乐。

从茑屋到日航

今天是东京第一天的行程，我们上午来到了久仰的茑屋书店，茑屋书店在全东京有超过1000家店。今天我们去了一家置身于森林一样的书店，茑屋书店是以企划和美学而著称，然而在书店里还有星巴克、有酒吧、有汽车。其内容之琳琅满目，其设计之别具一格，其品相之推陈出新，都让我们眼前一亮。

在书店两旁，有很多凳子，很多的商务人士会来此地办公，享受着宁静而温馨的书香时光，二楼有摆放CD和播放音乐的场所，其不拘一格的摆件和丰盛丰富的装饰，让我们感受到了一种艺术之美。

紧接着我们去了目黑川，去感受美丽的樱花，这里是东京观赏樱花最有名的地方，中间是清澈的河流，每隔100米就是小桥，道路两旁开满了粉色的樱花，樱花伸向了小溪，在河中相会，与清澈的溪水，惬意的野鸭，构成了一副自然和美的画面。当你置身于画中，你会感受到其水的清澈、宁静和安逸。最美的不是樱花，而是你内心鲜花的盛开，开满你的一生。

下午，我们来到了日航，日本航空是稻盛和夫曾经战斗过的地方，从2011年到2014年，稻盛先生将日航从负债几百亿做成世界准点率第一名的航空公司。

在纪念馆，我们感受到了流连忘返的历史和故事，欣赏日航每年的纪念品和荣誉墙。

我问接待我的本田先生，“为什么稻盛先生能够将日航扭亏为盈，起死回生？”他说道，“因为稻盛和夫调动了大家的积极性。”我又问，“如何调动积极性？”他说，“因为稻盛先生每两个月会召开一次员工大会，无话不谈，把日航打造成一个透明的玻璃瓶一样的经营体，让员工知道我的业务单元是赚钱的，还是亏损的。”

在我问到日航公司的经营哲学是什么时，他分享说，“日航的经营哲学是能够一家人，一家亲，一个连着一个，构建血浓于水的关系。”

随后我们去了现场，参观了日航工厂的准备，工厂现场赫然写着四个大字：“整理整顿”。整个机场的准备工作非常地严谨和细致，然后我们开启了和跑道零距离的接触，一架一架的飞机从身畔飞起，场面非常壮观！

临行前和日航接待我们的这位老员工合影，感受到他对日航的尊重和敬意，感受到日航浴火重生，凤凰涅槃的勇气和决心。

非常之人

今天参访了早稻田大学，一个百年历史的大学，也是日本最大的私立大学。

来到早稻田大学，首先进入历史博物馆，每一届的校长都映入眼帘，其厚重沧桑的历史感，扑面而来，历任几十任校长，筚路褴褛，历尽艰辛。

下午去早稻田大学银座分校，聆听了久仰的森田先生的演讲。森田先生一上来就鞠躬表示感谢，向我递送名片，礼仪大美，精神矍铄！很难想象这是一位77岁的老人。

约定时间下午1：40开课，结果一点半已经正式开课，老先生站立行礼鞠躬，坐下开讲。课程分为两个篇章，第一个篇章是日航划小经营单元，创造了破产重生的奇迹。2010年，稻盛先生接受了日本政府的邀请，决定将日航重组重生，并邀请了他的左右手森田直行先生。森田从60年代初大学毕业就加入京瓷，一路奋斗，后担任京瓷经营研究所的社长，也做到了上千亿的市值，并先后担任京瓷和日航的副社长，其内心的力量，其从容，淡定，纯净，都令人心生敬仰。

让一个负债几百亿的企业破产重生，真的是无比艰难的一个挑战，大家伤透了脑筋，反复去琢磨，发现日航最大的问题就是没有人对利润负责，因此特别成立了经营管控部，对每一趟航线的利润负责，尤其是不赚钱的航班要调整。

在日航40多年的历史中，从来没有在二月份这个月赚过钱，没想到在划小经营单元的半年之后，二月份就神奇地开始盈利，这正是划小经营单元的强大魅力，日航全体员工的积极性被调动起来。

阿米巴的逻辑就是上下一致，人人皆是经营者。

演讲中，凝视着在我面前几米远的老人，我不禁泪水浸润，视线渐渐模糊。这位白发苍苍、久经沧桑的老人，将他的一生献给了京瓷，献给了日航。想象其跌宕起伏的人生，想象其坚毅如石的决心，却无法想象当事人所面对的可歌可泣的人生挑战。每一个人在面对人生逆境的时候要迎难而上，迎风而立！创造出我们生命中一个又一个的巅峰。演讲完毕，森田先生为我们答疑，并微笑与我们合影，为他的大作签名留念。

这是极富意义的一天，因为我们邂逅的不仅是森田先生，还有日航重生的勇气。我们聆听的不仅是森田先生的演讲，还是一种在逆境中穿越的决心，涅槃重生的力量，这种力量直抵我们的内心深处，将成为我们一生之动力。

我们每一个人的内心都有神圣之剑，让我们破局重生，破除迷雾，直达云霄！

感谢，感恩，感动。

天地之造化

今天是我们首届“觉醒生命”的第一天课程，我们怀着极大的神圣和虔诚之心，开始了一天的问道之路，人活着的目的究竟是什么？这个人生终极的课题，我们几乎没有深思过。

一“定”，定的是什么？定的是心，定的是命，定的是此生所为何来？

人生有了使命，就有了内在的支柱，定而后能安，安而后能虑，虑而后能得。定是一个人的罗盘，是一个人的根基，是一个人生所为何来的源泉。学长们分享了自己的人生使命，行业价值，非常殊胜，动机至善，功德圆满。

二“修”，修什么？一修内在，一修外在。内在即是我们的小宇宙，内圣，光明坦荡无私，外王，立业成就王道。在压力中修炼，在压力中成长强大，“修”，即不断地自我改进，不断地自我完善。

内静外动，内在之安静，之平静，之宁静。外在之动，动力，活力，澎湃，状态，激情。一个人对内有安定，外在有活力，就是极佳的状态，在每个场合，都能够做到动静自如，动静相宜。

三美，身心灵皆美。

四和，家和人和天和地和，和则生财，和则生道，和则生万物。

东京已经变成了樱花之城，随意的一个街道上走过去，置身于樱花美境之中，落叶缤纷，如镜如画。

为什么樱花能够长出来？是因为和这个时间和，和温度和，和大地和，和土壤和，和人和。樱花美，有人和，方得永生。樱花迎春而发，和时和。樱花是天地孕育，得天地之和。

晚间大家去感受了美味的河豚鱼，大快朵颐。餐后，我们来到了酒店14楼，与第六组的学长做深度的交流，不聊不知道，一聊才发现大家有很多现实的挑战，我们相互交流切磋，得到了明显的升华和确切的答案，心定意美！

这一天，我们的樱花之旅游学进入尾声，我们在早稻田大学银座的学院开启了《觉醒之旅》第二天的学习，我们回顾了昨天《觉醒之旅》的内容并且转化成具体的行动，行即是言，行即是美，行动是无言的智慧。

使命变成卡片，慈善变成行动，表扬变成习惯，静坐变成状态……

今天开始分享到六。六是什么呢？六是大爱，第一个爱就是爱自己，悦纳和接受自己。每个人对自己都有自我形象的认知，一个人最需要的是和自己和解，这个世界上没有人跟你过不去，只有你和你自己过不去，和你的内在世界在一起，和你自己在一起，融洽和谐。

道家说的就是人和自然的和谐。佛家是人和自己内心世界的和谐，儒家是人和仁之间的和谐，仁义礼智信，父母，君臣，父子……

七颗心，其中有一颗心是好奇心，一个人只要拥有好奇心，就会有强烈的渴望，就会有无限知识的可能性，不是自律，不是苦行僧，而是一种全然的热爱和乐趣，这是一种发自内心的强大求知的力量。

八正道，九一定，十大善。在课程中，许多同学都做了分享，德钢同学分享了他的呼吸之妙策，刚强，彦州，小娟都是气氛的带动者，大家捧腹大笑，忍俊不禁，心驰神往。

我们颁发了结业证书，那一瞬间，我们的生命得以升华和绽放，下午是银座购物的时间。晚上是东京有名的螃蟹宴，大家品味了三种不同的螃蟹，推杯换盏，觥筹交错，气氛正酣。

即将离开东京，回到各自奋斗的岗位，让爱和幸福在我们的席间流动，喜不自胜，乐在当下。

游记：闻名遐迩的派克鱼市场

派克鱼市场，曾经无比的脏乱差，店员属于社会最底层，无比颓废、消极地工作，公司的新老板横山，希望让所有的员工明白，“我们可以藉由工作态度的改变，影响全世界的工作场。”

不曾想，员工真的被激发了，“手抛鱼文化”感染了世界。现如今，派克鱼市场已成为许多500强企业高管的学习场，成为EMBA的教学案例。

这一天，我们买了十瓶生蚝，伙计激情而快速地将货品扔向收银台，唱着歌打着节拍，歌声欢乐而高亢，宛如纤夫的号子，嗨哟嗨哟……

我们想要合影的时候，店员拿出一只大螃蟹，做出被螃蟹刺中的夸张表情，真是好玩极了。

在市场的摊位上有一只食人鱼，它会动，乍以为是活的，挺吓人，其实背后是有一根绳子在操控，这个小把戏，平添了许多乐趣。

现在明白了，卖鱼实际上是娱乐业。

当一个员工明白自己的使命时，即感受到自己的快乐和成就时，一切才会自动自发。

以色列游学——世界有十分美，七分在耶路撒冷

在上海出发，从莫斯科转机到特拉维夫，探索三千年的文明古城。感悟犹太文明的核心，第一，教义非常地清晰，从《摩西十诫》到《塔木德》；第二，无数次地放逐到回归，民族饱经忧患，精神愈显强大；第三，独立思辨、伙伴学习法，理性思考，诞生了120位诺贝尔奖得主。

导游小金是位东北的姑娘，偶遇了以色列在华为工作的帅哥，然后结成异地情缘留在了以色列。

以色列有一个重要的文化叫："肆无忌惮"，意思是惊人的胆量！

雇员可以挑战老板；士兵可以去问长官；文员可以批评政府，非常非常自信，而不是沉默寡言。这个文化导致了以色列的创新能力非常强，创业意识也非常强，因为非常自信，母亲从来不会轻易批评自己的孩子，而是鼓励。这里的小学生下午一点钟就放学了，剩下的时间由孩子自由做主。因为教育培养的不是知识，而是一个大写的人，是一个人的能力，尤其是生存的能力。

以色列的科技型公司非常多，很多都是从军工上转化出来的技术应用，整体来讲，犹太人的经营能力大于管理能力，从小伊始，耳濡目染，做生意的敏感度非常之强。

全世界的犹太人还有近300万在美国，因为有很多犹太精英，更喜欢美国的生活方式，崇尚美国的文明。

以色列的街道不是很整洁，和日本根本是没法比，从中可见民族的特性很不一样。日本是注重细节，循序渐进，所以制造业非常强。而以色列是不循常

规，不拘小节，更集中于软件业和高科技行业。

下午，大家去逛了拉法古城，四千年的古城，散发着无尽的沧桑，浅黄色的建筑意蕴无穷，远处的海岸线让人心驰神往。

以色列的行程让我脑洞大开，赋诗一首，以作纪念。

天真的你——以色列创客之旅

两千多年的放逐，
没有让你沉沦，
伫立的
是你的伟岸和自强。
六百万人的屠杀，
没有让你消亡，
闪烁的
是你眉宇之间的光。
你从圣墓重生，
你在哭墙释然。

耶路撒冷
有多少叹息和忧伤，
有多少纷争和哀婉……
白色的城墙，
象征着你的纯真。
黑色的塔木德，
喻示着你的智慧。
苦路，是为了救赎。

远离，是为了回归。

刺痛，是为了抚慰。

宗教，让你充满信仰；

家庭，让你拥有希望；

从军，让你务实勇敢；

复国，让你向善向上；

创业，让你奇思妙想；

大学，让你包罗万象。

你怀疑一切，你挑战习惯；

你敢于争辩，你果敢担当。

特拉维夫

涌动着创新的力量；

跳跃着行动的光芒；

弥漫着青春的向往。

每个人都有权利说：

这件事情我没有做过，

但是，

我一定会成功！

不是每一个人会成为爱因斯坦

但是，

你来到了耶路撒冷

你是真正的宝藏……

你

注定

会不平常，

不一般……

只因

你

对生命，

心怀敬畏

满怀希望

像罗斯柴尔德庄园的鲜花一样，

缤纷烂漫，

肆意汪洋！

跋

有一部电影，叫《太空旅客》，男女主人公从休眠中提前醒来，需要在茫茫的宇宙中度过90年。景色的壮阔，让人目眩神迷，无尽的浩淼，让人心醉神往。

当你把恒久的时间放进你的视野，感受万事万物每个部分都在发生剧烈的转变，你就能走入一个广阔的境界。

当你把整个浩瀚的宇宙纳入你的心中，你会发现烦恼完全存在于你的想象。当你放眼宇宙，感受浩瀚的星空，蓦感生命之短暂，银河如沙粒，你会放下得失，安心、从容、笃定，无比感恩这生命的历程，尽情地欢笑。

仰望星空，浩翰苍穹；浮生如梦，年华如水。

吾心即宇宙，宇宙即吾心。

人生的目的只有一个，就是提升我们心灵的品质……

得失荣辱，烟云聚散！唯心光明，气象万千！

生命的品质来自于心灵对真理的感悟……

醍醐灌顶、豁然开朗、恍然大悟，手舞足蹈！

生命的本质是改变，我们绝对不能只用固定式的思维，而是多用成长型的思维，而是遇见生命中更美的自己。在年逾不惑的时候，我感慨万千！英文中有句谚语叫做——Life begins at fourty——生命从40岁开始。于是在我求道毕业的时候，我写了一首诗——《人生下半场》！

希望用这首诗来与你共勉，拥有生命中丰美、丰盛、丰富的力量。

人生下半场

最好的年华，从四十岁开始！

最美的时光，与你在校园邂逅！

人生最美的，

不是成熟，而是成长！

人生最酷的，不是上半场，

而是下半场！

上半场，我们需要生存、生活，

下半场，我们需要使命、意义！

上半场，我们披星戴月，风餐露宿！

下半场，我们将心注入，汇水成海！

上半场我们强撑硬打，疲惫不堪！

下半场我们从容淡定，活力四射！

上半场我们活得好匆忙，

把工作当全部，

忘记了家人，

忘记了星光和夕阳，

忘记了艺术和运动！

下半场我们要活出好节奏，

把生命当作信仰，

体验温馨亲情，

感受运动之欢畅、艺术之美好！

每一个生命都是大自然的奇迹！

每一个生命都可以点燃自己！

每一个生命都在谱写自己独一无二的星际旅程！

愿世界更美好！

愿世界充满爱！

感谢辞

一路走来，无数感谢！感谢父母，智慧如海的父亲，慈爱如水的母亲。

感谢我所有的师长，尤以初中的班主任厉老师，那一篇作文表扬改变了我的一生。

一个人的心能静到什么程度，源于他得到多少的爱！

感谢大学的兄弟姐妹，那么纯美的旅程，因为有你们！

感谢我第一份工作的贵人，陈大姐，你的微笑温暖了我的人生。

感谢我教育培训业的引路人，雄辩滔滔的王总、丰神俊朗的冯奕好友。

感谢我教育事业的贵人钱老师、陆总、雪儿老师，提携大美。

感谢我所有的客户贵人，鸣谢七色坊董事长董泽志、轩日服饰董事长周建中。

感谢匠商会冬梅班长、永东班长以及各位班委的付出。

感谢我们最早期的团队创业伙伴，滕总、岳娜老师，信任是如此珍贵。

感谢现在一起奋斗的战友，舒老师、廖总、通老师、易老师、周老师、于老师、孙老师、张老师，相拥共进，喜悦无限。

感谢那些赋予我爱的体验的贵人！

感谢，无数感谢！

感谢，在心里。